Rokid

的AR实践与空间计算之旅

Rokid技术团队◎著

電子工業出版社
Publishing House of Electronics Industry
北京 · BEIJING

内 容 简 介

《Rokid 的 AR 实践与空间计算之旅》是 Rokid 创业十年的里程碑之作，系统梳理空间计算的技术发展、应用与未来。

本书解析空间计算的概念演变、核心原理与技术框架；详解平台核心组件（显示、光学、芯片、传感器、电池），并以 Apple Vision Pro 和 Rokid AR Studio 为例介绍最新进展；重点阐述 YodaOS-Master 操作系统在交互、体验及开发工具上的优势。

书中通过实际案例（如智能制造、医疗、文娱等）展现空间计算应用，并展望未来趋势与新兴场景。

本书面向技术开发者、设计师、产品策划及行业伙伴，旨在为读者提供参考与启发，助力空间计算领域的探索创新。

图书在版编目（CIP）数据

Rokid 的 AR 实践与空间计算之旅 / Rokid 技术团队著. 北京 : 电子工业出版社, 2025. 8. -- ISBN 978-7-121-49547-2

Ⅰ. TP391.98

中国国家版本馆 CIP 数据核字第 20252MM692 号

责任编辑：张彦红　　　特约编辑：田学清
印　　刷：天津千鹤文化传播有限公司
装　　订：天津千鹤文化传播有限公司
出版发行：电子工业出版社
　　　　　北京市海淀区万寿路 173 信箱　　　邮编：100036
开　　本：720×1000　1/16　印张：16.75　字数：322 千字
版　　次：2025 年 8 月第 1 版
印　　次：2025 年 8 月第 1 次印刷
定　　价：98.00 元

凡所购买电子工业出版社图书有缺损问题，请向购买书店调换。若书店售缺，请与本社发行部联系，联系及邮购电话：（010）88254888，88258888。

质量投诉请发邮件至 zlts@phei.com.cn，盗版侵权举报请发邮件到 dbqq@phei.com.cn。

本书咨询联系方式：faq@phei.com.cn。

代　序

从小镇到世界：我的 AI+AR 创业之路

一、童年种下与科技的种子

我出生于江西鹰潭余江童镇的一个普通家庭，家乡的眼镜产业和家庭工厂构成了我童年的底色。记忆里，木工工具与机器零件是陪伴我成长的“玩具”。四五岁时，我便能根据螺纹特征将散落的零件归类，而一本本科普杂志更是点燃了我对科技的好奇心。航模制作、维修设备、木工活……这些看似微小的探索，让我逐渐理解：有了目标更要着手行动，这样才会找到解决问题的钥匙。

正是这种对“动手创造”的热爱和 20 世纪 90 年代起国内对计算机技术的执着，最终指引我走向计算机领域。毕业后，从创办第一家手机操作系统的创业公司到被并购后加入阿里巴巴，内心始终有一个声音在回响：如何让科技点亮平凡的生活？2012 年，当我在硅谷参加完 Google Glass 的发布会后，答案呼之欲出——增强现实与人工智能的结合，才是未来人机交互的终极形态。于是，我毅然创立了 Rokid，开启了一段“将科幻变为现实”的征程。

二、创业十年：从“无人区”到“百镜大战”

在创业初期，AI+AR 领域几乎是一片“无人区”。外界对 AR 的认知停留在科幻小说和电影中的炫酷场景，而技术瓶颈和市场需求的不确定性让许多人望而却步。但我和我的团队坚信：AR 不应仅仅是娱乐工具，它必须成为连接人与数字世界的桥梁。

1. 技术突破与产品迭代

在创业的 10 年间，Rokid 聚焦于核心技术的积累。我们先后攻克了单目 SLAM 技术、光波导成像技术和自研 XR 操作系统，将眼镜的重量压缩至近 49 克，设备重量与国际同行相同，但开创性地集成了显示能力；结合 AI 大模型，实现了环境识别、语音交互、实时翻译等功能。随着 ChatGPT 和 DeepSeek 的火爆，AI 大模型为 AR 注入了新的活力，越来越多的人终于理解 10 年前我们的创业初衷。新一代 Rokid 的 AR 眼镜，它不仅是眼镜，更是集耳机、相机与 AI 助手于一体的智能终端。用户可通过便捷的语音操控，在参观博物馆的过程中让文物和历史活起来，在工作中使用智能助手来协助完成日常工作，甚至实现“脱稿”演讲——这些场景已从设想变为现实。

2．产品逻辑与体验构建

创新需要与用户需求共振。2025 年被称为“百镜大战”元年，幸运的是 Rokid 已然在竞争中脱颖而出，不仅销量居行业前列，而且用户日均使用时长超过 2 小时，开创了历史。这背后是我们对“实用主义”的坚持：AR 眼镜必须解决真实问题，同时要保持简单的交互和轻便舒适的人机工程设计。例如，在教育领域，学生可以通过 AR 眼镜直观理解空间、抽象的概念；在医疗领域，医生可以借助 AR 辅助医疗方案的实施；在工厂中，远程协作可以解决工程师供给不足和用 AI 检测人工差错等现实问题。Rokid 的 AR 眼镜上市后，马上就会成为人类历史上使用时长超过手机的数字终端。

三、AI+AR 的未来：技术与人文的双向奔赴

1．重新定义人机交互

手机曾将人类禁锢在方寸屏幕中，而 AI+AR 的目标是解放双手，回归自然交互。未来的智能终端将不再依赖指尖滑动，而是通过语音、AI 算法，甚至更接近于使用意念的人机操控。Rokid 的 AR 眼镜正朝着这一方向进化：我们追求的不仅是功能的叠加，更是“看不见却无处不在”的智能体验。

2．应用场景的无限可能

AI+AR 的潜力远未被完全挖掘。我常问团队的工作人员：“好的 AR 眼镜能做什么？”值得骄傲的是，我们分别在以下几个方向即将完成突破。

- 教育：学生通过 AR 沉浸式学习历史和实验，利用 AI 完成辅导和练习，而不再依赖于学校和师资，教育平权不再是梦想。
- 医疗：每一名医生借助 AR 技术拥有大城市三甲医院医生的能力，真正实现城市医疗资源向县级医院和城乡基层下沉。

- 工业：工程师通过 AR 远程协作维护复杂设备，一线工人都将成为超级工人。
- 文化：让收藏在博物馆里的文物、陈列在广阔大地上的遗产、书写在古籍里的文字活起来。

3．风险与责任：科技向善的底线

技术发展需伴随伦理思考。用户隐私、数据安全、数字鸿沟……这些问题不容忽视。Rokid 在设计产品时，始终将隐私保护和数据安全置于首位，如采用本地化数据处理和端侧 AI 计算，在 C 端产品中克制使用摄像头。同时，我们倡导“Leave Nobody Behind”的使命，致力于让技术普惠更多人，而非加剧社会分化。

四、回归初心：让科技点亮平凡生活

蒙时代眷顾，我这个信江畔摆弄航模的少年居然被那么多的朋友关注，Rokid 的产品也被那么多的用户喜欢，但对我而言，更有获得感的并不是凭借科技产品创造神话，而是解决一个个具体的问题、让产品传递人性的温度。未来，Rokid 将继续深耕技术、打磨细节，与全球伙伴共建 AR 生态。我期待终于有一天，AR 眼镜能像智能手机一样普及，成为人们探索世界的“第三只眼”，并进化出“第三层大脑”。而那时，人们或许会忘记我的大胡子形象，但会记住：一副来自中国的神奇眼镜，为人类打开了一扇通往未来的门。

——Rokid 创始人 祝铭明

序

为造梦者插上翅膀

媒体、投资人、研究机构不断地追问“Rokid 的核心壁垒是什么？”，但答案始终清晰如初：**我们比任何对手更坚信——人机交互的革命，是计算范式演进的主旋律。**桌面计算以键盘鼠标代替命令行指令，移动计算用指尖触碰连接万物，而今天，空间计算正打破方寸屏幕的禁锢，让数字世界与物理空间浑然交融。

翻开这本书的样稿，我看到的不仅是对技术的剖析，更是一群“造梦者”的奋斗史诗。八年前，我们以中国第一台智能音箱叩开语音交互之门；三载蛰伏，又用首款量产 AR 眼镜闯入空间计算无人区。从杭州良渚的文明曙光出发，到故宫《石渠宝笈》的数字化重生，再到敦煌壁画的流光重现——当一位白发老人戴上 AR 眼镜并喃喃道“没有白活到现在”时，技术终于穿透冰冷的代码，带着暖人的温度照进现实。

突破门槛：交互革命的本质

走进硅谷的计算机历史博物馆，算盘作为中国智慧的象征静静陈列。但个人计算机时代真正的革命，从未停留在硬件本身，而是在于**如何降低人们使用技术的门槛：**比尔·盖茨用鼠标“驯服”了命令行，乔布斯以手指点触“终结”了键盘。而 Rokid 的野心，是让交互彻底回归人类本能——**用视觉与听觉直连世界**。我们赌上未来：AI 与多模态感知必将让眼镜从“视光工具”蜕变为“第三层大脑”，立志成为打开新视界的钥匙。

造梦者的足迹：从技术到文明

在莫高窟，AR 将千年壁画从幽暗中唤醒，纤毫毕现；于三星堆，青铜神树借空间计算凌空生长，震撼人心。近 200 座博物馆与 5A 景区的落地，不仅创造了全球最大规模的 AR 运营收入，更让文化遗产从橱窗陈列变为可对话的“生命体”。**这正是空间计算的终极使命：它不止改变了交互方式，更重塑了人类认知世界的维度。**当文明遗迹在虚实交融中“活起来”时，我们终于听见了良渚玉琮的低语、二里头陶纹的呼吸、甲骨文字跳动的脉搏。

致未来造梦者

本书是 Rokid 交出的第一份答卷，却远非终点。我们期待与您共同见证空间计算时代必将诞生的媲美微软、苹果的伟大企业，而中国科技研究者，已经告别向西方科技致敬的“追梦者”时代，正以“造梦者”之名争夺这一历史席位。因为真正的壁垒，从来不是技术参数，而是**深信不疑的信仰与破釜沉舟的实践**——Rokid 愿意与每一位志同道合的伙伴一道努力，为造梦者插上翅膀，相信每一次虚实交融都在为人类精神版图开疆拓土。

此刻，请您翻开下一页，与我们共赴这场空间计算的无界征程。

——Rokid 合伙人 宓群

目　录

第 1 章　空间计算的概念与发展历程 1

1.1　空间计算的概念演变 2

1.2　空间计算技术的主要形态 4

1.2.1　虚拟现实 5

1.2.2　增强现实 6

1.2.3　混合现实 7

1.3　空间计算技术发展的新方向 8

1.3.1　视频透视 8

1.3.2　光学透视 9

1.3.3　VST 技术和 OST 技术的优势与限制 10

第 2 章　空间计算的核心技术 12

2.1　空间计算设备 12

2.2　空间计算的技术特点与核心能力 14

2.2.1　虚实结合体验 15

2.2.2　多模态感知交互 15

2.2.3　空间感知能力 16

2.2.4　空间计算理解能力 17

2.2.5　空间计算交互能力 19

2.2.6　空间计算协同能力 21

2.2.7　空间计算展现能力 22

2.2.8　数字内容创作 23

2.3　空间计算的关键支撑技术 24

2.3.1 人工智能 24
2.3.2 5G 无线网络 26
2.3.3 云服务 27
2.3.4 隐私计算 28
2.3.5 终端芯片技术 29
2.4 空间计算平台 30
2.4.1 空间计算操作系统 30
2.4.2 兼容国际开放标准 34
2.5 空间计算技术的未来展望 35

第 3 章 核心元器件 37

3.1 显示屏幕 37
3.1.1 液晶显示技术 37
3.1.2 有机发光二极管技术 38
3.1.3 微型显示器技术 38
3.1.4 激光束扫描技术 39
3.1.5 量子点技术 40
3.1.6 发展趋势与挑战 41
3.2 光学 41
3.2.1 Pancake 光学技术 42
3.2.2 Birdbath 光学技术 44
3.2.3 光波导技术 46
3.3 芯片 48
3.3.1 核心计算芯片 48
3.3.2 无线通信能力 52
3.3.3 手柄设备核心计算芯片 53
3.3.4 其他芯片 53
3.3.5 芯片制造 53
3.4 传感器 54
3.4.1 图像传感器 54

3.4.2 惯性测量单元 57
3.5 电池 60
3.5.1 电池技术的发展现状 60
3.5.2 当前的技术趋势 61
3.5.3 电池技术在 AR 设备和空间计算设备中的应用 61
3.5.4 挑战与未来展望 62

第 4 章 空间计算设备 63

4.1 Apple Vision Pro 63
4.1.1 Apple Vision Pro 的定义 64
4.1.2 Apple Vision Pro 的产品参数 68
4.1.3 Apple Vision Pro 的核心特点 69
4.2 Rokid AR Studio 70
4.2.1 Rokid AR Studio 的定义 71
4.2.2 Rokid AR Studio 的产品参数 74
4.2.3 Rokid AR Studio 的核心特点 74
4.3 总结 75

第 5 章 空间计算操作系统 77

5.1 需要空间计算操作系统的原因 77
5.2 YodaOS-Master 空间计算操作系统的概述 80
5.3 YodaOS-Master 空间计算操作系统的特点 82
5.3.1 实时空间计算能力 82
5.3.2 多模态交互能力 83
5.3.3 自研操作系统能力 85
5.3.4 混合应用框架 86
5.4 基于 YodaOS-Master 开发空间计算应用 87
5.4.1 软件设计与开发过程 87
5.4.2 产品用户体验与优化 111
5.4.3 Rokid 开发者工具包 136

第 6 章　生态内容 154
6.1　开发者支持与创新 154
6.1.1　资源提供 155
6.1.2　社区与支持 157
6.1.3　培训与教育 159
6.1.4　开发者活动 161
6.2　合作伙伴网络 166
6.2.1　战略合作 167
6.2.2　商业化合作 168
6.2.3　成功案例 168
6.3　消费者互动 169
6.3.1　应用商店简介 169
6.3.2　应用商店发展简史 169
6.3.3　应用商店模式的主要特点 170
6.3.4　应用的主要付费模式 172
6.3.5　应用商店与开放平台 173
6.3.6　XR 时代的应用生态 174

第 7 章　空间计算时代的各行各业 178
7.1　空间计算技术在智能制造行业的典型应用 178
7.1.1　设备巡检 179
7.1.2　空间计算应用设备维修 180
7.1.3　远程验收/出厂检验/远程建造 180
7.1.4　赋能远程售后 181
7.1.5　应用辅助质检 182
7.1.6　辅助装配 183
7.1.7　安全监管 183
7.1.8　物流分拣 184
7.1.9　工作培训 184
7.1.10　企业展厅 185

7.1.11 工厂漫游 186
7.2 空间计算技术在石油化工行业的典型应用 187
7.2.1 空间计算辅助巡回检查 188
7.2.2 空间计算赋能检修作业 189
7.2.3 空间计算守护企业安全 190
7.2.4 空间计算助力员工培训 191
7.2.5 空间计算切实解决企业痛点 192
7.3 空间计算技术在电力行业的典型应用 193
7.3.1 空间计算技术在核电行业的应用场景 195
7.3.2 空间计算技术在火电行业的应用场景 199
7.3.3 空间计算技术在水电行业的应用场景 201
7.3.4 空间计算技术在风电行业的应用场景 202
7.3.5 空间计算技术在电网行业的应用场景 204
7.4 空间计算技术在医学中的典型应用 205
7.4.1 空间计算技术重塑医疗模拟教学新维度 205
7.4.2 空间计算技术创造医疗急救领域新纪元 207
7.4.3 空间计算技术打造医疗手术智能辅助新视角 208
7.4.4 空间计算技术构建医学治疗保健新手段 210
7.5 空间计算技术在文化旅游领域的实践 212
7.5.1 博物馆中的 AR 空间计算技术 213
7.5.2 旅游景区中的 AR 空间计算技术 218
7.5.3 展望与挑战 221
7.6 AR 空间互动娱乐的开端 223
7.6.1 商业新势力入局 223
7.6.2 用 AR 传播快乐 225
7.6.3 新企划启动 228
7.6.4 AR 互娱的展望 229

第 8 章 空间计算技术发展趋势 230

8.1 统一渲染 230

8.2 空间拍摄与新的空间内容标准 232
8.3 生成式 AI 浪潮下的 3D 内容制作 233
8.4 空间计算专用芯片 236
8.5 新的人机交互方式 238

第 9 章 未来应用场景展望 240

9.1 空间计算场景落地的技术支持 240
9.1.1 云计算 240
9.1.2 5G 网络 241
9.1.3 人工智能 242
9.1.4 物联网 242
9.2 空间计算应用场景的展望 243
9.2.1 教育培训 243
9.2.2 医疗 244
9.2.3 工业制造 245
9.2.4 电子商务 246
9.2.5 游戏和娱乐 247
9.2.6 房地产 248
9.2.7 交通和物流 249
9.2.8 文旅展陈 250
9.2.9 社交和通信 251

拓展阅读：专家说 252

第 1 章 空间计算的概念与发展历程

如果将以个人计算机为代表的桌面计算看作第一次信息革命，那么以智能手机为代表的移动计算可以看作第二次信息革命。从桌面计算到移动计算再到最近兴起的空间计算，人们对信息交互体验的追求是无止境的。空间计算作为一种具有开创性的新兴计算范式，巧妙地利用空间所独有的一系列属性来指导计算过程。它立足于三维基础，始终秉持以人为本的理念，将数字世界与物理世界有机融合，进而创造出前所未有的全新的交互体验。这种融合不仅打破了传统的计算边界，更是开启了信息交互的新篇章。

作为新的计算平台，空间计算的应用场景非常广泛，包括影音、办公、游戏、教育、文旅、零售、广告、医疗、工业、军事、演示、培训等。此外，空间计算还在仓库自动化、自动驾驶汽车及供应链自动化等前沿领域发挥着举足轻重的作用。例如，在仓库自动化领域，空间计算可实现货物的精准定位和高效管理；在自动驾驶汽车领域，空间计算可帮助车辆精确感知周围环境，提升行驶安全性。

空间计算的发展涵盖了技术和产业链的多个方面。从技术方面来看，空间计算利用空间感知和三维重建技术，将数字信息与物理空间相结合，从而提供了一种沉浸式、强交互，并且与现实世界紧密结合的计算体验。从产业链方面来看，空间计算的产业链冗长且复杂，其中囊括了与传感器、芯片、光学显示、电池等硬件相关的设计制造，以及与界面、交互、AI、系统、内容生态等软件相关的设计研发。随着技术的持续发展，这一产业链也在不断地健全和完善。在芯片方面，性能更强大、能耗更低的芯片为空间计算设备提供了更坚实的算力支持；在软件方面，不断优化的交互设计让用户可以更自然、便捷地与数字世界进行互动。

在产业链中，国际头部企业，如 Microsoft、Meta、Google、Apple、Magic Leap 等，在空间计算领域各自占一席之地，而中国企业的传统优势则是在微显示、传感器、电池、整机及软件内容方面，之前并没有形成合力。

随着元宇宙的兴起，中国的空间计算市场正迎来新的变化，华为、小米、OPPO 和 Rokid 等中国企业纷纷推出不同形态、各具特色的空间计算产品。目前，越来越多的中国企业和科研院校加入了空间计算的大产业链，在光学显示、芯片、传感器、电池、空间算法、软件系统、开发框架、渲染引擎等方面全面发力，为空间计算未来的爆发贡献力量。

总之，空间计算将引领科技发展，开启未来的辉煌时代。

1.1 空间计算的概念演变

空间计算是一个跨学科领域的概念，它结合了计算机科学、数学、地理信息科学及其他学科的综合研究成果。简单来说，空间计算是指计算机对空间数据和空间关系的分析与处理能力。这个概念通常与地理信息系统（GIS）、遥感、空间数据库、空间数据分析和可视化等工程领域密切相关。以下是一些与空间计算相关的主要概念。

（1）空间数据：是指任何与地理位置相关的数据，可以是二维的或三维的，包括地图、地形、建筑物、道路等。这些数据不仅包含物理位置的信息，还包含与之相关的属性，如人口密度、气候条件、土地利用类型等。

（2）空间分析：使用数学和统计方法分析空间数据，以识别模式、趋势和关系。空间分析可以帮助我们理解不同地理位置之间产生的影响，从而在城市规划、环境保护和公共卫生等方面做出更加明智的决策。

（3）空间数据库：是专门设计用于存储、检索和管理空间数据的数据库系统。这些数据库系统通过支持空间查询和索引，使得复杂的地理信息处理变得更加高效、精确。

（4）地理信息系统：能够捕捉、存储、操作、分析和展示地理空间数据。它不仅是一个工具，还是一种将复杂的地理信息转化为易于理解和操作的可视化表示的方法。

（5）遥感：是通过航空器或卫星等远程传感器收集地球表面信息的技术。遥感使我们可以从全球范围内监测地球的变化，提供用于环境监测、灾害预警和资源管理的关键数据。

（6）空间索引：是用于空间数据库的索引技术，可以优化空间查询的性能。空间索引可以大幅提高处理海量空间数据的效率，尤其是在需要实时分析和决策的应用场景中。

（7）空间数据挖掘：是使用数据挖掘技术实现的，主要用于发现空间数据中的模式和知识。通过空间数据挖掘，可以从看似无序的数据中找到潜在的规律和趋势，为科学研究和商业决策提供新的依据。

（8）空间可视化：使用图形和动画展示空间数据，使其更易于理解和分析。空间可视化不仅是简单的数据展示，还是将复杂的数据转化为直观的、易于操作的信息图形，借此为决策者提供有力支持。

（9）空间计算模型：是用于模拟和预测空间现象的数学模型。这些数学模型通过结合空间数据和数学理论，可以预测未来的地理变化，优化资源配置，甚至可以预估灾害发生的可能性。

（10）空间算法：是专门设计用于解决空间问题的算法，如最短路径、网络流、空间聚类等。这些算法在交通管理、物流优化和应急响应等领域发挥着至关重要的作用。

空间计算的应用非常广泛，包括城市规划、环境监测、交通管理、自然资源管理、灾害响应等领域。随着技术的发展，空间计算在各个领域的重要性显著增强。

随着人工智能、云计算、大数据等技术的不断发展和普及，空间计算的概念也随之演变，经历了从早期的“地理空间信息分布式计算”到现代的“三维虚拟与现实融合的计算范式”的发展。最初，空间计算主要关注如何利用空间原则优化地理空间信息的分布式计算性能，以支持大规模的物理科学分析和模拟，常用于测绘遥感等领域。随着技术的进步，空间计算的概念逐渐扩展，开始涉及数字世界和物理世界的连通与融合。

现代的空间计算技术，如虚拟现实、增强现实和混合现实，允许用户在三维空间中与数字信息进行交互，提供了一种全新的人机交互体验。这些技术不仅可以将虚拟信息无缝嵌入现实世界，还可以通过传感器和数据分析，使虚拟世界中的对象与现实环境产生交互。这种计算范式不仅包括空间数据的采集、处理和显示，还涉及空间数据的交互和应用，被广泛应用于零售、教育、医疗、游戏等行业。

现代的空间计算技术的核心在于实现数字信息与物理空间的完美结合，精心创造与现实世界深度融合的交互体验。这种技术的飞速发展，有力地推动了数字孪生、元宇宙等前沿概念的落地，为用户带来了更为沉浸的、互动性更强的计算体验，彻底改变了人们获取信息、交流互动和解决问题的方式。

随着空间计算的广泛应用，未来我们将看到更多领域的创新与发展。例如，在智慧城市领域，空间计算可以用于实时监控城市基础设施，优化交通流量，提高应急响应效率；在医疗领域，空间计算可以帮助医生进行精确的手术导航，甚至可以在虚拟环境中进行手术模拟和培训；在教育领域，空间计算可以通过沉浸式的学习环境，使学生更深入地理解复杂的地理现象和科学概念。

总体而言，空间计算不仅是一种技术工具，更是推动各行各业创新的重要力量。它通过将虚拟世界与现实世界无缝连接，为人类创造全新的可能性，重塑人类的生活方式。

1.2 空间计算技术的主要形态

当前空间计算技术的主要形态包括虚拟现实、增强现实和混合现实。这 3 种技术形态以不同的方式将数字信息与现实世界相结合，提供沉浸式和交互式的用户体验。下面分别介绍这 3 种技术形态的特点。

1.2.1 虚拟现实

虚拟现实（Virtual Reality，VR）是一种具有强烈沉浸感的体验方式，用户需借助头戴式显示器（简称头显）进入一个完全由计算机生成的三维虚拟环境。在这个虚拟环境中，用户仿佛置身于一个与现实世界截然不同的全新天地，所有的视觉、听觉等感官体验都被计算机构建的虚拟信息所占据。在 VR 中，用户与现实世界的联系被彻底切断，完全沉浸于由数字技术所创造的虚拟世界。这种完全沉浸的特性使得用户可以全身心地投入虚拟情境中，获得极致的感官体验。

VR 技术因其独特的优势，被广泛应用于多个领域。在游戏领域，VR 技术为玩家带来了前所未有的刺激，让玩家可以身临其境地进入奇幻的游戏世界；在模拟训练领域，如飞行员的模拟飞行训练、消防员的火灾场景模拟训练等，VR 技术可以提供高度逼真的场景，帮助相关人员在安全的环境中积累宝贵的经验；在教育领域，VR 技术可以生动直观地呈现历史事件、科学现象等内容，激发学生的学习兴趣和学习主动性；在心理治疗领域，VR 技术可以创建安全可控的虚拟环境，以帮助患者克服恐惧、焦虑等心理障碍。

目前，VR 领域的主流产品众多。例如，Oculus Rift 系列出色的显示效果和精准的追踪技术受到了广大消费者的喜爱；HTC Vive 凭借其广阔的活动空间和丰富的内容生态，为用户带来了更加自由和多样的体验；PlayStation VR 依托索尼强大的游戏资源，为玩家提供了众多优质的专属游戏；Meta Quest 3（见图 1-1）增加了彩色透视摄像头，具备了 MR 功能，可以让用户清晰地看到周围环境。此外，还有诸如 PICO 4 Pro 等国产头显，它们在分辨率、刷新率、舒适度等方面不断创新和突破，推动着 VR 技术的发展和普及。

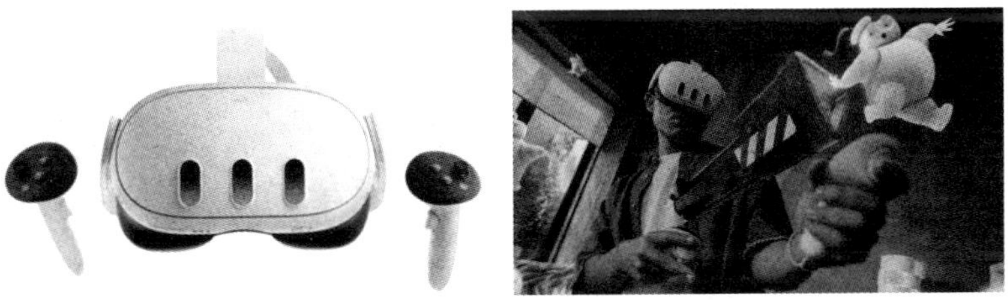

图 1-1　Meta Quest 3

1.2.2 增强现实

增强现实（Augmented Reality，AR）是一种极具创新性的技术，它可以将虚拟信息巧妙地叠加到现实世界中。通常情况下，用户借助 AR 眼镜便可以在自己身处的现实世界中清晰地看到虚拟的图像或数据。这种技术的独特之处在于，它并非简单地将虚拟信息生硬地插入现实世界，而是虚拟信息与现实世界的深度融合。通过精准定位和实时感知，虚拟信息能够以一种自然的方式与现实场景相互交融。

在使用 AR 技术时，用户可以实现虚拟对象与现实对象的同步交互。这表明用户不仅可以切实地触碰和操控现实生活中的物品，还可以与虚拟的图像或数据展开互动，达成了现实与虚拟的完美衔接，使用户仿佛置身于一个融合了虚拟信息与现实元素的奇妙世界。

AR 技术在众多领域中发挥着关键作用。在导航领域，AR 技术可以在用户视野中直接呈现实时路线引导和相关地标资讯，使导航更直观、便捷。在零售领域，消费者可以通过 AR 技术直观地看到商品的虚拟展示，例如，虚拟试穿服装，查看不同款式、不同尺码的服装的穿着效果，查看家具在自己家中的摆放效果，从而更精准地做出购买决策。在教育领域，AR 技术可以将抽象的知识以生动形象的方式展现，例如，在博物馆或教室内，让学生看到虚拟的历史人物，重现历史场景，或者看到使用三维模型展示的复杂科学原理，提升学习的趣味性和学习效果。

在文化产业中，AR 技术可以让参观者在博物馆中看到消逝的文物的原貌，或者为静态展品添加动态讲解和背景故事。例如，可以借助 AR 设备 Rokid Air Pro（见图 1-2）提升参观体验，加深参观者对历史文化的了解。此外，AR 技术也给游戏和影视带来了全新体验。玩家可以在现实世界中与虚拟角色或道具互动，观众可以借助 AR 设备获得身临其境的观影感受。

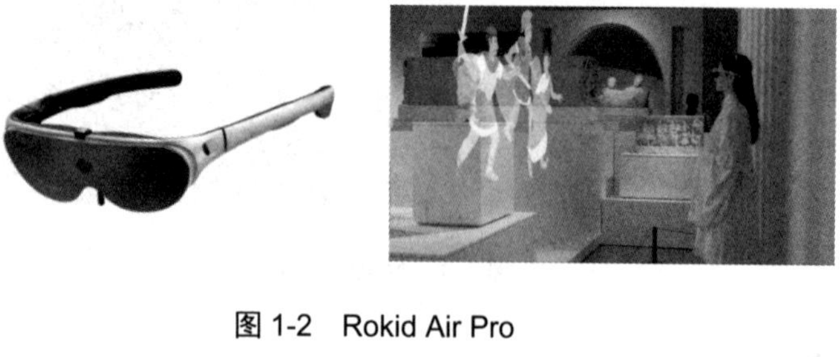

图 1-2　Rokid Air Pro

1.2.3 混合现实

混合现实（Mixed Reality，MR）并非简单地将 VR 和 AR 的特点进行叠加，而是开创了一种全新的技术。MR 技术不仅可以将虚拟信息自然地叠加到现实世界中，还可以实现虚拟信息与现实世界的深度互动和完美融合。

在 MR 中，虚拟信息不再是孤立存在的，而是可以与现实世界中的物体进行复杂而真实的交互的。例如，虚拟信息可以对现实世界中的物体产生遮挡效果，如同真实存在的物体；虚拟信息还可以与现实物体发生碰撞，并根据碰撞的力量和角度产生相应的位移。这种高度逼真的交互方式，为用户提供了更加真实、丰富和沉浸的体验，使用户仿佛置身于一个虚实难分的奇妙空间。

若要实现如此出色的效果，则需要更高级的硬件作为支撑。深度传感器是其中的关键组件之一，它能够精确地感知和测量物体的深度信息，为虚拟信息与现实世界的精准交互提供基础数据。空间定位技术同样不可或缺，它可以实时、准确地确定用户与设备在空间中的位置和姿态，以确保虚拟信息在与现实世界交互时的位置和动作是准确的。除此之外，高性能的处理器、优质的显示设备及灵敏的交互设备等都是实现 MR 技术精确交互的重要保障。

MR 技术在众多领域中展现了巨大的潜在应用价值。在设计领域，设计师可以利用 MR 技术直观地看到虚拟设计在现实空间中的呈现效果，并对设计图进行实时修改和优化，大大提高设计效率和质量；在建筑领域，建筑师可以通过 MR 技术使虚拟的建筑模型与实际的建筑场地相融合，发现和解决潜在的设计问题；在医疗领域，医生可以借助 MR 技术进行模拟手术，使虚拟的器官与真实的手术器械进行交互，提高手术的准确性和安全性；在娱乐领域，MR 技术为游戏和演出带来了前所未有的创新体验，使玩家和观众可以更加深入地融入虚拟与现实交织的精彩世界中。

Microsoft HoloLens 2（见图 1-3）是一款具有代表性的 MR 设备，它具有优秀的视野范围和清晰的图像显示，可以让用户在看到现实世界的同时，清晰地感知到虚拟信息的存在。在工业场景中，工人可以通过 Microsoft HoloLens 2 获得设备维修的实时指导，虚拟的操作步骤和提示会直接呈现在眼前，提高维修效率和准确性。

图 1-3　Microsoft HoloLens 2

这 3 种技术形态都在不断地发展和完善中，随着硬件性能的提升和算法的优化，未来的空间计算技术将更加成熟，可为用户提供更加自然、流畅和丰富的交互体验。随着 Apple、Google、Microsoft 等科技巨头的加入，空间计算技术的应用场景和市场潜力将进一步扩大。

1.3 空间计算技术发展的新方向

在空间计算技术中，视频透视和光学透视是两种不同的视觉透视技术，它们常被用于 AR 系统和 MR 系统中，实现虚拟信息与现实世界的融合。下面分别介绍这两种视觉透视技术。

1.3.1 视频透视

视频透视（Video See-Through，VST）是一种极具创新性的 AR 技术，其工作原理是借助摄像头来捕捉现实世界的图像，而后将这些捕捉到的图像清晰地呈现在用户的视野当中，与此同时，巧妙地将虚拟图像精准地叠加在现实图像之上，就像 Apple 公司最新发布的 Apple Vision Pro（见图 1-4）所展现的那样。

在 VST 设备中，用户所目睹的是现实世界中的实时视频。虚拟信息经过精心渲染后，被巧妙地叠加在这个实时视频上，从而成功实现虚实融合的惊艳效果。

这种融合并非简单的叠加，而是让虚拟信息与现实世界中的元素相互呼应、相互配合，营造出一种逼真、自然的交互体验。

图 1-4　Apple Vision Pro

若要实现如此出色的效果，则需要配备高质量的摄像头并具备强大的实时图像处理能力。高质量的摄像头可以确保捕捉到清晰、准确且细节丰富的现实图像，为后续的图像处理和叠加奠定了坚实基础。而强大的实时图像处理能力负责迅速而精准地渲染虚拟信息，并将其与现实世界中的图像进行无缝对齐与融合。只有具备这两项关键能力，才能确保虚拟信息与现实世界之间的准确对齐和流畅交互，避免出现偏差或卡顿等影响用户体验的问题。

VST 技术在众多领域有着广泛的应用前景。在影视领域，它可以让观众在观看科幻电影时，仿佛身处浩瀚宇宙，周围繁星闪烁，行星近在咫尺；在游戏领域，玩家可以通过 VST 设备在自家客厅与虚拟怪兽展开激烈搏斗，感受紧张刺激的战斗氛围；在办公领域，身处不同地区的团队成员可以借助 VST 设备共同置身于虚拟会议室，直观地交流个人想法，还可以对虚拟项目模型进行实时修改和完善。

1.3.2　光学透视

光学透视（Optical See-Through，OST）是一种前沿的 AR 技术，其独特之处在于，它借助透明的显示设备，如带有摄像头的 Rokid AR Studio（见图 1-5），以一种独特的方式将虚拟图像直接投射到用户的视野当中。在这个过程中，用户仍然可以清晰地看到现实世界中的景象，从而实现虚拟与现实的巧妙融合。

图 1-5　Rokid AR Studio

在 OST 设备中，虚拟信息并非通过摄像头捕捉的图像来呈现，而是通过光学元件（如波导、自由曲面等）直接叠加在用户的视线上。这一方式极大地改变了用户对虚实融合的感知和体验。例如，在工业领域，工程师佩戴 OST 设备后，眼前可以直接呈现机器内部结构的虚拟图像，同时可以看到真实的机器外观，从而更精准地进行故障排查和维修操作。

OST 技术为用户提供了一种更为自然、直接的虚实融合体验。由于用户可以直接看到未经摄像头中间处理的现实世界，因此减少了信息传递的环节，降低了可能出现的延迟和误差。这使得虚拟信息与现实世界的融合更加流畅、真实，仿佛虚拟信息原本就存在于现实世界当中。

同样地，OST 技术在工业、文旅、教育、医疗、办公、娱乐等领域都有着非常广泛的应用价值。

1.3.3　VST 技术和 OST 技术的优势与限制

VST 技术的优势在于可以为用户呈现高质量的图像和视频，并且在虚拟信息的渲染方面表现出色，可以创造出丰富、逼真且极具吸引力的虚拟场景。然而，它也存在一些不足之处。一方面，可能会受到摄像头视场角的约束，从而在某些角度无法提供完整、流畅的虚实融合画面；另一方面，图像处理的延迟问题可能会引发图像失真，从而导致用户在使用过程中产生眩晕感，极大地影响用户体验。此外，由于需要进行大量的环境计算和渲染工作，这对芯片的算力要求极高，导致相关设备往往较为沉重，因此会给佩戴者带来不便。

OST 技术的优势在于可以给予用户一种更为自然、直接的视觉感受，用户可以毫无阻碍地直接观察现实世界，而无须经过摄像头的中间处理环节。正因如此，OST 技术对整体的算力要求相对较低，设备重量相对较轻，提升了佩戴的舒适度和便捷性。不过，OST 技术也面临着一些挑战。例如，在虚拟信息的显示质量上，它可能无法达到 VST 技术的精细程度，同时在显示视场角方面也存在一定的局限性。

但是无论是 VST 技术还是 OST 技术，其主要原理都包含了空间感知、空间理解、空间展现、空间交互、空间协同和数字内容创作等技术特点。空间感知借助传感器等设备捕获现实世界中的信息；空间理解负责对所捕获的信息予以分析和处理；空间展现通过可视化的方式来呈现处理后的信息；空间交互是用户与系统之间的互动交流；空间协同达成多用户或设备之间的协作；数字内容创作旨在创造出可以展示和交互的内容。这些技术特点将在第二章中详细介绍。

空间计算虽然在上述技术特点方面发展迅速，涌现了很多颠覆性的技术和产品，但总体而言，诸多技术仍不完善，尚难以实现同时具备轻佩戴、长续航、富内容特点的完美设备。所以，主流厂商主要结合自身优势，在发展技术的同时，明确产品定位，舍弃产品劣势方面，给不同的用户群体带来相对最佳的用户体验。

随着光学、传感器、芯片、电池、软件、算法等技术的不断进步与发展，VST 技术和 OST 技术将会逐渐融合。在未来，我们有理由期待一种更加完美的技术形态的出现，它将整合两者的优点，最终实现佩戴轻便舒适、内容丰富精彩、交互自然流畅的虚实融合，为人类的生活和工作带来全新的可能性。

第 2 章 空间计算的核心技术

在数字化时代，空间计算正引领一场人机交互的革命。它不仅仅是硬件和软件的简单集合，更是对计算技术的全新理解，象征着人类对传统界限的突破与超越。

空间计算的本质在于实现物理世界与数字世界的融合，并在此基础上探索如何以更自然、更易用的方式进行信息的展示和交流。为了实现这一宏伟愿景，我们需要创新地将空间计算设备、核心算法、支撑技术，以及操作系统平台巧妙融合。随着技术的持续演进，空间计算有望成为连接现实世界与虚拟世界的桥梁，开启人机交互的新篇章。

2.1 空间计算设备

空间计算是由麻省理工学院媒体实验室于 2003 年首次提出的概念，如今已成为科技领域的热点。它涵盖的关键技术包括三维重建、空间感知、人机交互和人工智能等，这些技术的结合使得空间计算成了一种能够无缝连接人、物体、机器和虚拟空间的手段。这种连接不仅创造了虚实融合的新经济形态，还推动了虚拟现实、元宇宙等新兴产业的蓬勃发展。

2023 年，Apple 公司推出了一款具有划时代意义的空间计算设备——Apple Vision Pro。Apple Vision Pro 的问世，不仅仅是现有虚拟现实技术的简单迭代，更标志着空间计算技术迈入了一个全新阶段。Apple 公司期望通过 Apple Vision

Pro 引领人类进入一个全新时代，一个以空间计算为主流的人机交互时代。库克在发布会上充满信心地表示："正如 Mac 引领我们进入个人计算时代，iPhone 开启移动计算新纪元，Apple Vision Pro 将带我们进入空间计算的新时代。"

Apple Vision Pro 利用空间计算技术精准识别用户的周围环境，并通过用户的动作实现直观的操作和即时的反馈。这款产品的推出，不仅为消费市场带来了空间计算技术的突破，还为用户带来了前所未有的直观且自然的数字体验，彻底打破了传统二维屏幕和输入设备的限制。

Apple 公司将 Apple Vision Pro 称为 VST AR 眼镜，它通过内置的高清摄像头和强大的芯片算法模拟真实空间，为用户提供沉浸式的 AR 体验。与此同时，国内的 Rokid 公司推出了另一种技术路线——OST AR 眼镜，这种设备直接在用户视野中的真实世界上叠加数字内容。

这两种技术路线都是空间计算时代的探索产品，它们将计算能力从手上扩展到了眼前，即从传统的二维平面跃升至三维空间，这标志着计算能力的显著提升，并进一步将数字世界与物理世界相融合。这一技术的进步不仅打破了虚拟世界与现实世界之间的界限，还推动了人机交互方式从二维向三维的转变。预计这种转变将深刻影响人类的工作、学习和生活方式，引领人类迈入一个全新的空间计算时代。

在应用方面，空间计算设备的应用范围极为广泛。在消费领域，空间计算设备为用户带来了革命性的虚实结合体验。在娱乐和社交领域，界限被重新定义，用户通过 3D 视频和虚拟社交活动，体验到了前所未有的参与感和沉浸感。在游戏领域，空间计算技术使玩家仿佛置身于物理世界之中，每一个物体、每一个场景都变得触手可及。在医疗领域，空间计算设备辅助医生进行诊断，使得医疗服务更加精准、高效。在工业设计领域，通过三维模型分析，设计师可以直观地查看和修改设计图，这极大地提高了设计工作的效率和质量。教育培训也因空间计算技术变得更加生动、直观，知识传递变得更加高效。在企业应用中，员工培训和远程协作也因空间计算技术而变得更加便捷、高效。

随着 5G 和云计算等基础设施的日益完善，空间计算技术的普及将成为现实，它将逐渐融入人类的日常生活，开启一个全新的数字时代。在这个时代中，空间计算设备将成为人类与数字世界交互的新桥梁，为人类带来更高效、便捷、信息丰富的交互体验。

与传统的二维平面相比，空间计算设备实现了从二维屏幕到三维感知交互的飞跃，提升了人机交互的能效和用户的创造力。空间计算设备依赖于高性能的硬件支持，如先进的传感器、高效的处理器、高分辨率的近眼显示光学系统，以及轻巧坚固的机身。这些硬件组件的协同工作，为精确感知现实世界和无缝集成虚拟信息提供了技术保障。

空间计算设备，无论是通过视频透视还是光学透视，都集成了消费电子领域的顶尖技术，包括光学工程的精密性、电子技术的创新性、材料科学的前沿性，以及人机交互的直观性。这些技术的深度融合，使得研发出高性能、轻量化的 AR 眼镜成了一项极具挑战性的任务。然而，正是这些挑战性的任务推动了技术的不断进步和创新。

空间计算设备的发展标志着计算技术进入了一个新时代，它为用户带来了更加丰富、直观的交互体验，为多个领域带来了创新性的解决方案。随着技术的不断成熟和应用场景的拓展，空间计算设备有望在未来的计算领域中发挥更加重要的作用，推动人类社会向更高效、更智能的方向发展。

2.2 空间计算的技术特点与核心能力

空间计算正在逐步改变人类的生活方式和工作模式。设想一下，在不久的将来，你走进办公室戴上一副轻巧的 AR 眼镜，准备参加一场虚拟会议。随着眼镜的启动，你瞬间被“传送”到了一个宽敞明亮的会议室，四周的墙壁上展示着数据图表和项目进度。来自世界各地的同事的数字影像围坐在一张虚拟的会议桌旁，每个人的表情和动作都异常生动。当你走到自己的位置后，触控桌面上会立即浮现出今天的议程。轻触桌面，一个三维产品模型便浮现在半空中，这是大家正在讨论的新款设计。你从多个角度审视模型，提出建设性的改进意见，而同事们也通过手势或语音实时给出反馈。突然，会议室的一侧变成了一个虚拟白板，团队的创意总监开始在上面勾勒想法。笔触随着动作实时呈现，白板也自动记录了所有内容，会议结束后这些记录将被发送到每一位参会成员手中。在讨论过程中，一位同事提出了一个技术难题。你随即召唤智能助手迅速分析讨论内容，它提供了相关资料和解决方案。这些信息以互动时间线的形式展现，使团队成员可以通过简单的手势进行浏览。在会议过程中，一位同事遇到了网络问题。空间计算平台迅速察觉并为他自动切换到低带宽会议模式，确保会议顺利进行。会议结束后，你摘下 AR 眼镜，仿佛刚从一个实体会议室中走出。此时会议记录已被智能整理并安全存储在云端。你对这次会议的高效性和充满科技感的体验非常满意。

在人类不断追求自由、探索未知世界的征途中，科技扮演着越来越重要的角色。空间计算技术以其独特的多模态感知交互和虚实结合能力，正成为连接人类与虚拟世界的桥梁。这一技术不仅拓宽了人类对交互可能性的认知，更在根本上重塑了人类与数字内容互动的方式。

2.2.1　虚实结合体验

空间计算技术通过高精度的传感器和先进的算法，实现对现实世界的精确捕捉和三维重建，使虚拟信息与现实世界无缝融合，从而创造出一种全新的虚实结合体验。用户可以在现实世界中与虚拟信息进行自然互动，享受前所未有的沉浸体验。空间计算技术具备强大的计算能力，可以在三维空间中实时处理大量数据，提供精准的定位与跟踪，支持复杂的渲染与模拟，为多模态感知交互提供有力支持。

2.2.2　多模态感知交互

空间计算技术的核心优势在于其多模态感知交互，通过集成视觉、听觉、触觉等多种感官输入，模拟人类在现实世界中的交互方式。这种交互方式的自然性和直观性，极大地降低了用户与虚拟信息互动的门槛，提高了交互的效率和准确性。

空间计算技术凭借其多模态感知交互和虚实结合的能力，正在开启人机交互的新纪元。它不仅极大地丰富了人类的交互体验，也为各行各业带来了革命性的变革。随着技术的不断发展和应用场景的不断拓展，空间计算技术将引领人类进入一个更加智能、更加互联的新时代。

人类作为自然界的高等智能生命体，拥有多维的感知、决策和行动能力。科技的飞速发展正在帮助人类打破时间和空间的束缚，实现对现实世界的超越，并追求与虚拟世界的无缝交互。人类作为空间计算的单元，通过感官接收多维输入信号，如视觉、听觉、嗅觉、触觉和味觉等，而大脑则作为复杂的处理器，通过类似并行神经网络的机制处理信息，并输出为各种人类活动。

空间计算技术突破了传统的二维屏幕的限制，允许交互自然地在周围环境中发生。语音、视觉、手势等自然输入方式将与鼠标、键盘、触摸屏等传统交互模式相结合，使用户可以最符合自身需求和场景的方式进行交互。这一技术融合了计算机视觉、深度感知和空间定位等前沿技术，实现了虚拟信息与现实世界的无缝融合，在为用户提供现实世界的清晰视野的同时，叠加了虚拟信息带来的丰富信息和便捷服务，极大地提升了用户体验。

空间计算技术的设计和优化依托于 6 个核心能力：感知（对环境和用户行为的识别）、理解（对用户意图的解析）、交互（虚实互动）、协同（多用户或设备间的交互）、展现（虚拟信息的呈现）及数字内容创作（用户创造内容的能力）。这些能力贯穿于从底层硬件到顶层应用的全面系统设计之中，共同构筑了一个前所未有的现实与虚拟相融合的世界，为交互方式带来了巨大的变革。

2.2.3 空间感知能力

空间感知能力是空间计算技术的核心能力之一，它依赖于精密的传感器网络和高效的数据处理算法。空间感知能力包括环境感知能力和用户感知能力两个重要组成部分。

环境感知是指获取用户周围的空间数据，包括场景的三维模型、物体的网格数据、环境的照明信息等环境参数。环境感知能力利用运动传感器、摄像头、激光雷达（LiDAR）等传感器捕获关于用户动作、环境布局及物理世界与数字世界交互的细节数据。

用户感知涉及设备或系统对用户形象、状态、行为表达等信息的捕获与分析。这一过程包括面部感知、人体姿态估计、手势识别和语音交互等关键技术模块。面部感知技术主要包括人脸识别、眼动追踪等，人体姿态估计技术和手势识别技术帮助设备理解用户的姿态和动作，而语音交互技术则使机器可以进行语音识别和语义理解，从而实现更自然、直观的交互。

空间感知能力的实现依赖于多种传感器设备，如麦克风、运动传感器、摄像头、飞行时间传感器 ToF（Time of Flight）和激光雷达等，通过高效的标定算法，快速准确地调整传感器参数，以确保数据的准确性、稳定性和传感器数据的协同。这些技术的加入极大地提升了环境感知能力和用户感知能力的精度。同时，多模态感知技术的发展使得机器可以理解和处理多模态信息，如文本、图像、语音等，为用户提供更丰富的体验。

2.2.4　空间计算理解能力

空间计算理解能力是对世界的深入理解。这种理解不仅涉及对物理环境的精确感知和三维重建，还包括对用户行为和意图的深入理解，为各种应用提供了丰富的交互可能。空间计算理解能力的发展依赖于精密的传感器设备、高效的数据处理算法及先进的人工智能技术，它们的融合推动了人类对空间数据和用户意图的更深层次的理解，使得空间计算设备能够实时感知并重建用户所处空间的实时三维模型，为虚拟信息提供精准的定位和真实的交互体验。

空间定位与三维重建是空间计算理解能力的关键技术，它们共同构建了连接虚拟世界与现实世界的桥梁。在传统算法中，基于被动视觉的三维重建技术通过结构从运动（SFM）和多视图立体（MVS）等方面，将物理世界的数据转换为数字形式。同时，同步定位与建图（SLAM）技术通过视觉、惯性测量单元（IMU）、激光雷达等实时估算设备在空间中的位置和姿态，并尝试匹配当前观测状态与离线地图，以获取设备的绝对位置和姿态。

随着技术的发展，基于人工智能的算法在空间定位与三维重建领域中展现出了巨大的潜力。深度学习算法与 SLAM 技术的结合，使得算法能够更好地处理复杂环境和动态环境，对遮挡、动态变化和重复纹理有更好的适应性。神经辐射场（NERF）等技术的出现，更是展示了深度学习算法在三维视觉领域中的巨大潜力和全新应用的可能性，如 Rokid 梦想小镇科技馆三维重建图（见图 2-1）。然而，基于人工智能的算法也面临着模型复杂度高、计算需求大等挑战，这可能限制了它们在实时系统中的应用。因此，在实际应用中，需要根据具体需求平衡传统算法与人工智能算法的使用，以实现最优的性能。

图 2-1　Rokid 梦想小镇科技馆三维重建图

空间计算理解能力在对人类的理解方面展现了极高的应用价值。这种能力的核心是计算机视觉技术，它能够捕捉并解析视觉信息，从而理解用户的姿态、表情、手势等行为特征。通过对人体姿态的预估，空间计算理解能力能够从图像或视频中识别和追踪人体的姿态，包括头部、四肢等身体部位的位置和方向。此外，利用面部识别与分析技术，空间计算理解能力能够识别个体的身份，并通过面部表情分析理解其情绪状态或意图。利用手势识别技术，空间计算理解能力可以通过分析手部动作识别特定的手势，进而理解人类的指令或情感表达。这些技术的应用使得空间计算理解能力能够更好地理解人类的行为和需求，这不仅增强了人机交互的自然性和直观性，还为用户提供了更加个性化的交互体验。

例如，在空间计算应用领域，空间计算理解能力能够根据用户的姿态和手势，实时调整虚拟环境中的内容，使得用户能够更加自然地与虚拟信息进行交互。在健康医疗领域，空间计算理解能力能够通过分析患者的姿态和行为，辅助医生进行疾病诊断和治疗。在安全监控领域，空间计算理解能力能够通过分析人群的行为模式，预测潜在的安全风险。随着技术的不断进步，空间计算理解能力在对人类理解方面的应用将更加广泛和深入。未来的空间计算设备将能够更加精准地捕捉和解析人类的行为和姿态，为人类提供更加个性化和智能化的交互体验。同时，空间计算理解能力也将更加注重隐私保护和数据安全，确保用户的信息不被泄露。

虚实结合能力是空间计算体验的核心，通过对空间的精确感知、对用户行为的深入理解，以及虚实世界的无缝融合，推动了技术的进步，同时，为人类的生活和工作带来了革命性的变化。空间计算体验通常涉及虚拟世界与现实世界的整合，无论是在空间中覆盖用户的视图，还是在空间中创建完全虚拟的环境，都要确保虚拟信息和真实元素之间的精确对齐与同步。

2.2.5　空间计算交互能力

交互的目的在于以一种更自然、直观的方式展示对世界的理解，并提供有价值的信息。随着人工智能技术在内容生成领域的发展，如图像、影像、3D 模型和文本等，空间计算交互能力变得尤为重要。它不仅需要将这些内容以最佳的方式呈现给用户，还要确保交互方式易于理解和操作，支持用户与虚拟信息的自然互动。

空间计算的三维交互方式以其独特的优势超越了传统的二维交互方式。它不仅能够实现键盘、鼠标、手柄和触屏等二维交互方式所不能实现的功能，还通过头部追踪、手势识别、语音识别和眼动跟踪等先进技术，使用户以一种更自然的方式与虚拟信息互动。这种交互方式将用户置于一个 3D 空间中，以一种沉浸式的、多维度的人机交互方式来为用户提供服务。三维交互方式的多模态特性，使得用户可以在三维空间中自由操控虚拟信息，实现更深层次的、更直观的交互行为，从而显著提升用户的沉浸感和操作的自然度。

空间计算交互能力在提升用户体验方面面临着挑战，例如需要设计直观、自然的用户界面，这要求开发者创新解决方案，以适应从 2D 空间到 3D 空间的转换，确保用户在虚实结合的环境中不会迷失方向。而且，触觉反馈和沉浸式界面的集成对于增强真实感和参与感至关重要。同时，开发者还需要平衡信息的冗余与简洁程度，避免信息过载，减少用户的认知负荷。人类经过长时间的演进，已经能够将复杂信息压缩成简单形式，如绘画、文字和符号。然而，在空间计算时代，这些信息被重新放大，并以数字化的形式呈现在眼前，这无疑增加了人脑处理信息的负担。

为保证空间交互技术的精度和有效性，同时减轻用户的认知负荷，需要采取一系列措施：设计直观、易理解的用户界面，合理组织信息，采用自然、直观的交互模式，提供个性化体验，不断优化技术，进行教育和培训，建立反馈机制，开发辅助工具。这些措施有助于开发者在尊重人类认知习惯的同时，利用技术优势实现高质量的空间交互行为。

多模态交互技术通过结合多种感知通道的优势，显著增强了用户对交互行为的理解，提高了大数据可视化的探索与分析效率。空间交互的典型形式，如头手交互、眼手交互和基于手势的交互，各自展现了其独特的应用价值。头手交互利用头部转动和手势操作实现直观的交互体验；眼手交互依赖于眼神捕捉技术，提供高精度的交互体验；而基于手势的交互则通过动作识别技术，使用户能够以自然手势与虚拟信息互动。这些技术在空间计算设备中得到了广泛应用。

在实际应用中，空间交互技术的多样性和创新性不断展现。头手交互的直观性、眼手交互的精确性，以及结合手势、语音和控制器射线的多模态交互方式，都为用户提供了良好的交互体验。注视交互技术通过眼动追踪理解用户的关注点，在大数据可视化中发挥了重要作用，听觉和触觉等非视觉感知方式也在大数据可视化中做出了巨大贡献。

针对光学手势识别中的遮挡和光照问题，EMG（Electromyogram）肌电技术提供了一种创新型解决方案。通过感知从手腕到手指的神经电信号，EMG 肌电技术实现了零延迟、高精度的交互，不受光照和遮挡的影响。EMG 神经腕带能够在各种环境下提供精确的操作，类似于鼠标，但具有更多维度，甚至能够模拟键盘操作，是 AR 眼镜理想的输入方法。在 AR 眼镜中，EMG 肌电技术的应用为手势控制带来了创新，提供了一种极其微妙且精确的控制方式。

空间计算技术的发展正不断拓展人机交互的边界，这种技术的进步不仅显著提升了用户满意度，而且为 VR、AR 等应用领域开辟了新的可能性。随着技术的持续发展，在未来，空间交互有望变得更加智能和沉浸，为用户提供前所未有的交互体验。这将使得空间计算在生活和工作中扮演更为关键的角色，实现更深层次的交互和更广泛的应用。

2.2.6　空间计算协同能力

空间计算协同能力有效解决了人类在虚拟世界与现实世界之间的协作挑战。从早期的社交网络发展到现代的空间计算技术，不仅实现了在虚拟世界中与他人沟通，还实现了在现实世界中与虚拟信息进行互动，但这增加了协作的复杂性。

空间计算技术提供了新的协作途径，它通过多设备实时协同，打破了创作与分享的界限，提供了身临其境的空间体验和生动直观的交互方式。其核心在于多用户交互支持、三维空间感知、实时数据同步等技术特点，使得多个用户能够在共享的虚拟环境中无缝协作。

为实现深层次的协作，需制定一系列具体的实施方案。首先，建立共享空间，为用户提供一个共同的参考框架，绑定虚拟信息与现实世界的特定位置。其次，使用多模态交互系统和实时协作工具，如共享白板和 3D 模型编辑器，为用户在虚拟空间中共同创作和编辑提供支持。最后，由智能辅助系统通过人工智能技术提供实时的帮助和反馈，优化协作流程。

云锚点技术是空间计算的重要组成部分，它允许用户将虚拟信息锚定到现实世界的特定位置，并实现跨设备共享。这意味着用户可以在某个地点设置一个虚拟标记或物体，其他用户在不同的时间使用不同的设备来到该地点时，也能看到该标记或物体并与之交互相同的虚拟信息。这种技术的应用场景非常广泛，从教育、游戏到工业设计、远程协作，全部囊括其中。

端侧 SLAM 技术可以在设备上实现高精度定位与地图构建，尽管面临着性能和续航的挑战。而“云-边-端”结合的方式，利用 5G 技术能够在大规模场景下实现高精度定位与地图构建，满足持久化 AR 内容和多人交互的需求。

空间计算协同能力的技术特点涵盖多用户交互支持、三维空间感知、实时数据同步、智能算法应用、网络通信能力、设备兼容性及用户界面自适应。这些特点共同构成了一个强大的协作平台，该协作平台能够处理复杂的多人交互场景。

在实施方案方面，除了建立共享空间和开发多模态交互系统，还需要开发实时协作工具，如共享白板、3D 模型编辑器等，支持用户在虚拟空间中协同工作。智能辅助系统利用人工智能技术提供智能推荐、自动翻译、实时反馈等服务，辅助用户更高效地协作。同时，优化网络架构，确保数据传输的低延迟性和高可靠性，提供个性化体验，并确保数据安全和隐私安全。

空间计算协同能力不仅可以支持复杂任务的高效协作，提高团队工作效率，还可以创造一个更加丰富的协作环境，为未来的工作方式和社交方式开辟了新的可能性。借助云锚点技术，空间计算协同能力得到了进一步的增强和扩展，使得虚拟与现实之间的界限更加模糊。

2.2.7 空间计算展现能力

空间计算技术推动人类从传统的屏幕交互模式，向一个融合现实世界的全新模式迈进。这一技术是光学、图形处理、空间分析和算法等前沿技术的集大成者，主要通过视觉化手段，将复杂的空间信息转化为易于理解的图像，从而使用户能够更深刻地把握和应用这些信息。

在硬件层面，空间计算展现能力依托于一系列创新的近眼显示技术，它们构成了用户沉浸式体验的物理基础。例如，VST AR 眼镜的折叠光路技术通过精细的光学设计，以高分辨率和广阔的视角将虚拟图像投射到用户视野中，提供了清晰、逼真的视觉享受；OST AR 眼镜的 Birdbath 技术利用光的反射和折射原理，将图像引导至用户眼内，实现了轻便、舒适的佩戴效果；光波导技术通过透明导光材料，直接将图像传输至用户视野中，实现了几乎无感的使用体验。

这些技术不仅提升了图像质量，还通过集成高精度传感器，如陀螺仪、加速度计、摄像头和激光传感器等，实时捕捉和分析用户的动作及环境变化。这些传感器与模组的协同作用为软件提供了精确的数据输入，以确保虚拟信息能够与用户的实际动作和环境无缝同步。

在软件层面，通过工具与服务的集成，不仅能够处理和分析硬件捕获的数据，还能够实现复杂的图形渲染和场景理解，以提供沉浸式的交互体验。三维视觉与声场渲染技术是提升沉浸感的关键。高级图形引擎，如 Unity、Unreal Engine 和国内的粒界，均为构建逼真的三维环境提供了技术支持。同时，空间音频的声场渲染技术，使用户能够通过声音判断虚拟世界中发言者的空间位置，这是实现虚拟世界与现实世界自然融合的关键。

场景理解与虚实结合是构建数字孪生的基础。通过计算机视觉技术对空间数据进行物体识别和空间布局分析，结合用户位置和移动跟踪，实现虚拟世界和现实世界的实时渲染与整合。这要求虚拟信息和真实元素之间有精确的对齐与同步，以提供流畅、舒适的虚拟现实体验。

解决晕动症也是提升用户体验的重要环节。异步时间扭曲（ATW）技术通过预测头部运动提前计算 3D 场景，可以有效降低虚拟现实体验中的 MTP（Motion-To-Photon）延迟。这种技术的应用提高了视觉体验的流畅性，使晕眩感显著减少，为用户创造了一个更加舒适、真实的虚拟感知环境。

随着技术的不断进步，空间计算展现能力能够实现视觉、听觉、触觉甚至嗅觉等多感官的综合体验，使用户能够与虚拟信息进行更自然的互动，感受更真实的虚拟环境，体验更深层次的沉浸效果。

2.2.8　数字内容创作

空间计算技术正在成为推动数字内容生产行业发展的新引擎。它通过人工智能大模型的先进图像生成技术，为创作者提供了强大的工具，这些工具不仅提升了图像的质量，加快了生成速度，而且通过创新应用优化了空间计算设备对场景的理解，带来了更加逼真的虚拟画面和交互体验。

随着空间计算技术的发展，数字内容的创作和管理需求日益增长。技术的应用促进了数字内容从二维到三维的转变，激发了人类对数字内容的大量需求。这要求内容创作工具、生产工具、管理能力及安全保障能力等方面必须得到提升，以应对行业竞争的挑战。

硬件设备，如 iPhone 的创新空间相册功能，使得 3D 内容创作变得更加简单，用户可以通过简单的操作制作 3D 内容，提高 3D 内容的制作效率。

空间计算游戏的开发也取得了显著成果，游戏平台提供了大量沉浸式体验的产品，满足了玩家对交互体验的需求。

虚拟数字人作为空间计算数字内容的重要组成部分，其应用范围正在迅速拓展。它们在服务、教育、娱乐等多个领域发挥作用，通过自然交互为用户提供个性化服务。随着技术的进步，虚拟数字人有望成为提供个性化服务的关键，并以此衍生新的商业模式。

空间计算数字内容创作能力的发展预示着虚拟世界与现实世界的更深层次融合。人工智能大模型、空间计算技术、虚拟人助手及硬件设备的进步，将共同打造一个更加丰富的、互动自然的数字内容生态系统。随着更多的数字内容生产工具和解决方案的广泛应用，3D 内容创作和管理领域将迎来前所未有的机遇。

2.3 空间计算的关键支撑技术

空间计算的进步紧密依赖于多项关键支撑技术的发展，包括人工智能、5G 无线网络、云服务、隐私计算及终端芯片技术的创新。那么这些关键支撑技术应如何促进空间计算的发展呢？

2.3.1 人工智能

随着人工智能（AI）技术的迅猛发展，空间计算经历了革命性的变革。空间计算作为 AR 技术与 AI 技术深度融合的产物，有力地推动了人机交互方式的革新。2022 年，OpenAI 公司推出了 ChatGPT，这代表自然语言处理技术的巨大飞跃。这款 AI 对话机器人迅速吸引了超一亿用户的关注，显露了其巨大的市场潜力和深远的社会影响力，成为空间计算技术发展史上的一个重要里程碑。

空间计算技术的发展得益于 AI 技术在多模态空间计算、视频生成空间计算模型，以及个性化服务技术等方面的深度应用。多模态空间计算通过融合视觉、听觉等多种感官的数据和语言模型，实现更为自然的交互行为；视频生成空间计算模型，如 OpenAI 公司的 SORA，在视频生成的时长和质量上取得了显著进步，为构建能够预测和理解世界的"世界模型"打下了坚实基础；而用于理解用户意图和提供个性化服务的个性化服务技术，已广泛应用于推荐系统、智能客服和智能助手等领域，为用户提供更加贴心和定制化的服务。

为实现真实世界与虚拟世界的无缝融合，人工智能在理解场景、识别和追踪虚拟环境中的对象、手势识别、检测对象间的交互、处理对象遮挡及实时空间布局映射等关键技术上进行了深入研究和发展。这些技术的突破为空间计算提供了强大的技术支撑，使得用户能够在游戏领域获得更为沉浸的体验，在设计、教育等领域获得更高端的技术支持。

数字内容生成技术包括人工智能数字人创建、三维视频成像和人工智能生成内容（AIGC），为空间计算增加了更加丰富、更加吸引人的内容。人工智能数字人创建技术能够制作出与现实世界相似的数字人物，三维视频成像技术能够捕捉真实场景中的立体信息，人工智能生成内容技术为空间计算设备提供了便捷、高效的内容生成引擎，推动了空间计算数字内容创作的创新发展。

空间计算头戴设备是实现沉浸式体验的关键设备之一。该设备通过计算机视觉技术识别和追踪虚拟信息，使用户能够通过手势与之自然互动。同时，该设备通过处理遮挡问题，确保虚拟信息能够在视觉上真实地出现在现实对象后方。此外，用户在空间中的移动，有助于计算机视觉技术更新空间理解，精确放置持久化的虚拟信息。这些技术共同创造了一个虚拟空间，无缝融合了现实世界与虚拟世界。

人工智能技术的发展正在重塑人类的生活方式和娱乐方式，它们为开发更高端的应用提供了强大的技术支撑。随着这些技术的持续进步与完善，未来将会出现更多令人惊叹的应用。

2.3.2 5G 无线网络

自 2018 年起，3GPP（第三代合作伙伴计划）将空间计算纳入了 5G 标准的核心内容，确立了空间计算业务的需求和关键性能指标。5G 标准不仅确保了设备和网络间的互操作性，还为空间计算数字内容的创作和分发提供了统一的技术框架。

5G 无线网络的高速率、低延迟和高可靠性，为空间计算提供了坚实的技术基础。这些特性使得实时数据处理、高分辨率空间模型构建和大规模设备联网成为可能。5G 无线网络的高速率特性为处理大量数据提供了保障，其低延迟特性确保了实时交互的流畅性，而高可靠性则保障了数据传输的稳定性，尤其在需要持续稳定连接的应用场景中至关重要。

5G 技术与空间计算的集成预示着数字互动方式的彻底变革，特别是在游戏和教育领域。5G 无线网络的带宽增加、超低延迟、连接性增强和高速率特性，使得空间计算应用能够实时处理和显示大量数据。这种集成不仅促进了物理空间与数字空间的深层次连接，还为多个行业，如建筑、设计、医疗和教育等，带来了极高的实时数据处理能力。

5G-A（5G-Advanced）技术的发展将进一步夯实 5G 无线网络在空间计算中的作用，并推动元宇宙等新兴概念的实现。5G-A 技术的无线定位能力，将支持更高精度和更广覆盖范围的空间计算定位技术，为空间计算应用提供更稳定和连续的定位服务。

5G-A 技术作为 5G 技术的演进版本，在网络速度、延迟和连接数等方面有着显著提升，并在无线定位能力方面取得了重要进展。5G-A 技术将支持毫秒级的时延和厘米级的定位精度，相比 5G 无线网络有倍数级提升。这得益于 5G-A 无线网络在定位技术方面的增强，特别是在 3GPP Release 18 中对定位技术的进一步研究和标准化。5G-A 无线网络通过其高精度和广泛的网络覆盖，使得空间计算定位技术能够应用于更广阔的地理区域，包括室内外环境、城市峡谷、偏远地区等，极大地扩展了空间计算应用的范围和场景。5G-A 无线网络的低延迟和高可靠性，确保了定位信息的实时传输和高度一致性，这对于需要持续稳定定位信息的空间计算应用至关重要，它为应用提供了更加稳定和连续的定位服务。

5G 和 5G-A 技术的高速、低延迟网络连接能力，结合云计算和边缘计算技术，为空间计算应用提供了必要的通信保障和基础架构。这些技术的结合不仅确保了数据的即时传输和实时交互，而且支持多个用户在同一虚拟环境中进行实时互动。

2.3.3 云服务

云服务为空间计算提供了强大的算力支撑，特别是在构建和体验空间计算时，所需的庞大数据运算和处理能力往往超出了用户端设备的处理范围。云计算强大的数据中心确保了空间计算应用的流畅运行和高质量的沉浸式交互的实现。随着空间计算的发展，对算力的需求不断增长，这推动了云计算的进步。

空间计算以云计算和边缘计算作为其分布式架构的核心部分。云计算通过远程服务器提供数据存储和处理能力，支持复杂的 3D 图形与模拟操作，使空间计算设备响应迅速，用户体验流畅，促进了数据共享与协作的实现。边缘计算通过在网络边缘处理数据，提供了低延迟的交互和实时的响应，增强了空间计算应用的性能。

边缘计算在空间计算中至关重要，它通过保证响应的实时性，满足了空间计算对低延迟的严格要求。边缘计算的引入不仅提高了数据的传输效率，还通过在本地或特定地理区域内处理数据优化了隐私和安全问题，降低了数据泄露风险。

端云协同作为一种新兴的技术范式，通过优化终端设备和云服务器之间的工作流程，实现资源优化、隐私保护、实时响应等多方面的需求。在这种模式下，终端设备处理实时性要求高的任务，而云服务器处理复杂的计算任务，提升了系统的实时响应性。

云端串流技术将游戏和应用运行时的运算过程移至云端，并通过流媒体的方式呈现给用户，解决了移动设备算力有限的问题。算力网络调度根据业务需求和网络状态智能分配计算任务，在优化资源利用率的同时降低了成本。端边异步渲染技术结合终端和边缘节点的计算能力，减少了网络传输压力，提供了高质量的视觉体验。

Apple Vision Pro 利用 NVIDIA Omniverse 串流，在移动设备上实现了超越本

地算力限制的高保真 3D 渲染体验。通过云端强大的 RTX GPU 技术，并结合物理模拟和 AI 功能，Apple Vision Pro 能够在不牺牲设备性能的前提下，提供符合物理定律的实时光线追踪画面。

随着 5G 和云计算的发展，端云协同将成为支撑空间计算的主流架构，满足用户对实时性、个性化和高保真体验的需求，推动空间计算的创新与发展。

2.3.4 隐私计算

随着空间计算技术的迅猛发展，人类对数字世界的探索变得更加丰富。然而，这一进步也带来了隐私保护的新挑战。个体隐私数据作为空间计算的基石，其合规性收集、存储与管理变得至关重要。隐私风险主要涉及位置追踪、个人数据收集、生物识别数据采集、行为监控、数据泄露及未经许可的数据使用等方面。

为了有效应对这些挑战，必须采取一系列措施：增强透明度，获得用户许可，实施数据收集最小化原则，采用数据加密技术，提供易于用户操作的隐私设置，定期进行安全审计，加强用户隐私教育，确保法律合规性，并在设计和开发过程中遵守隐私设计原则。这些措施有助于构建一个尊重用户隐私的数字环境。

技术手段在保护隐私方面同样发挥着关键作用。其中包括使用数据加密算法确保数据安全，对个人数据进行匿名化处理，数据脱敏以去除敏感信息，实施严格的访问控制，采用多因素认证以确保合法用户访问，进行安全审计以监控系统的使用情况，使用差分隐私机制，以及通过联邦学习在本地设备上训练模型，以降低数据泄露风险。

云智能系统是专为私人人工智能处理信息而设计的，可以确保用户数据的安全性，防止除用户外的任何人访问，包括设备制造商。这不仅将设备端的安全和隐私优势扩展到了云端，还为用户提供了一个更安全的云平台，增强了人工智能云服务的可信度和灵活性。

传统的云端人工智能解决方案可能需要将大量的个人数据传输至云端服务器处理，增加了数据泄露和隐私泄露的风险。在简单的业务场景中，终端侧人工智能将算法和模型部署在本地设备上，实现了数据处理本地化，降低了在数据传输过程中隐私泄露的风险，从而增强了用户对个人数据安全的信心。在复杂的业务场景中，为满足任务需求，用户原始数据可在终端侧进行数据脱敏后，通过加密和隐私保护技术上传至云端进行计算。此外，一些终端侧的人工智能解决方案还提供本地数据加密和隐私保护功能，进一步强化了数据安全性。

通过这些策略和技术手段，用户能够在享受空间计算技术带来的便利的同时，有效保护用户的隐私权益。这需要企业、开发者、用户及监管机构共同努力，共同营造一个安全、透明、尊重隐私的数字环境。人工智能在空间计算中的应用，尤其是在模型终端侧运行时，将为用户提供更加安全、可靠的服务体验。

2.3.5　终端芯片技术

在空间计算领域，终端芯片技术扮演着至关重要的角色。相较于计算机和手机芯片，空间计算芯片需要更高的算力和更低的功耗，以增强图形处理性能并提高功率利用率，同时降低图像延迟，提升用户体验。随着 AI 算力的不断增强，芯片需要支持更复杂的多模态大模型，以满足日益增长的 AI 处理需求。下一代终端芯片将针对大模型 Transformer 算子进行优化，实现更高的内存带宽架构和更低的功耗，同时逐步实现微调能力。大模型小型化已成为 AI 终端芯片产业发展的关键趋势。

高通的空间计算系列芯片在行业中处于领先地位，以其独特的散热和功耗设计优化而著称，能够实现低延迟，同时支持先进的并行感知技术，能够满足空间计算虚实融合交互中对算力指数级增长的需求。

空间计算技术的迅猛发展，对芯片的性能提出了更高的要求。随着空间计算需求的多样化和差异化，设备厂商越来越倾向于定制芯片，以满足特定产品和应用的需求。

例如，Apple Vision Pro 中的 R1 芯片作为协处理器，是独立于主控芯片运行的，能够高效处理来自多个视觉摄像头和传感器的输入信号，以实现空间计算的核心功能，如姿态追踪和手势识别，动态延迟仅为 12 毫秒。R1 芯片是 Apple Vision Pro 成功的关键。

为了使空间计算设备更加轻巧、便携，可以使用定制的低功耗空间定位协处理器或低延时显示芯片。这类协处理器可以显著降低对主芯片的性能要求，使得设计和制造更轻便、性能更强大的空间计算设备成为可能。随着技术的进步和市场需求的增长，预计未来将出现更多定制化、高性能的协处理器，以推动空间计算设备的发展和普及。

2.4 空间计算平台

空间计算技术通过融合现实世界与虚拟世界，开启了交互体验的新纪元。要充分发挥空间计算技术的潜力，必须依托一个高度专业化的操作系统，该系统能够无缝集成空间计算、人工智能、移动网络、云计算等前沿技术，为用户提供一个更加智能化和互联互通的使用环境。

开发兼容国际开放标准 OpenXR 的空间计算平台，不仅是技术演进的必然走向，也是推动产业发展的关键举措。这一平台的构建，不仅加速了技术创新的标准化进程，也为行业的长久发展注入了强劲动力。

支持 OpenXR 这一国际开放标准，对国内企业而言，是一个提升国际竞争力、彰显技术实力的重要契机。它不仅有助于打破技术壁垒，促进国内外技术的交流与合作，还能推动国产软硬件技术的深度融合与创新发展。通过积极参与国际标准的制定与应用，国内企业能够在全球化的舞台上更好地展现自身优势，为全球用户带来更优质的产品和服务，与国外企业共同推动空间计算技术的繁荣发展。

2.4.1 空间计算操作系统

开发空间计算操作系统旨在最大化地发挥空间计算技术的应用潜力，实现丰富且直观的三维交互行为，并将虚拟信息自然地融合到用户的现实世界中。这一目标的实现依赖于创新的硬件基础，这些硬件为空间计算技术的应用提供了必要的物理支撑。同时，软硬件技术的协同进步正在加速空间计算设备的普及，推动其形态与功能的多样化发展。通过软硬件技术的深度整合，为用户提供更加自然、沉浸式的交互体验，开启全新的应用场景。

1. visionOS

Apple 公司为其空间计算设备 Apple Vision Pro 量身打造了一款专为空间计算设计的操作系统——visionOS（见图 2-2）。该系统通过三维交互，突破了传统界限，使得用户能够在现实世界中与数字内容实现无缝互动，这标志着计算技术向空间计算的重大转变。

图 2-2　visionOS

visionOS 的流畅体验得益于 Apple Vision Pro 的先进硬件。Apple Vision Pro 采用了 M2 和 R1 双芯片设计，确保了极速响应和沉浸式体验，配合高分辨率的显示器和精密的传感器，精准捕捉用户动作，为 visionOS 提供了坚实的硬件基础。

visionOS 的三维界面彻底革新了用户与应用的互动模式。应用以自然的方式呈现在现实世界中，通过光影效果辅助用户感知空间比例。此外，visionOS 支持注视、手势、语音等多种自然交互方式，甚至能够根据眼动预测用户意图，提供个性化的操作体验。

Apple 公司为 visionOS 配备了全面的开发工具，包括 Xcode、SwiftUI、RealityKit 和 ARKit，极大地简化了应用的创建和移植过程。Reality Composer Pro

和 Unity 平台的出现，进一步激发了开发者的创造力，使其能够自由地将创意转化为应用体验。

通过不断地迭代，visionOS 引入了空间化照片、房间追踪等创新功能，丰富了应用生态。特别值得注意的是，OpenAI 为 visionOS 开发的 ChatGPT 应用，通过文本、语音、图像和视频的多模态输入，极大地扩展了人机交互的边界，展示了该操作系统在多模态 AI 应用方面的潜力。

2．Horizon OS

Meta 公司于 2024 年 4 月宣布开放其空间计算操作系统，推出 Horizon OS，这是一个为空间计算全新设计的操作系统（见图 2-3）。这一战略举措与 Apple 公司的封闭系统形成鲜明对比，展现了 Meta 公司致力于构建一个开放、多元的计算平台的决心。Horizon OS 联合硬件制造商和开发者，旨在提供更丰富的用户体验，挑战现有的市场格局。

图 2-3　Horizon OS

Horizon OS 在 MR 技术方面表现卓越，支持高分辨率直通、场景理解和空间锚点等先进技术。它通过自动跟踪器，以及手部、眼睛、脸部和身体追踪等交互方式，为用户提供了一种全新的，更自然、直观的交互体验。这些技术不仅提升了用户体验，还为开发者提供了广阔的创新空间。

Meta 公司正积极推动 Horizon OS 的生态系统建设，与硬件制造商合作，计划推出基于该操作系统的头显产品。此外，Meta 公司也在内容生态策略方面进行了调整，从自制和收购转向与第三方合作，开放更多内容与服务，并将手机 2D 应用移植到 Meta 操作系统上。

Horizon OS 的优势在于其强大的技术基础和开放的生态系统，为第三方硬件厂商和内容提供商提供了更多机会。然而，它也面临一些挑战，如对高通骁龙处理器的依赖可能会限制某些厂商的定制化需求，以及开放的生态系统可能会带来安全和隐私保护方面的问题。

3. YodaOS-Master

Apple 公司和 Meta 公司的空间计算操作系统专注于 VST AR 技术，而国内的 Rokid 公司则针对 OST AR 领域，推出了创新型空间计算操作系统——YodaOS-Master。这一突破性产品不仅标志着 Rokid 公司在空间计算和人机交互领域有了重大进展，还重新定义了空间交互的标准。

YodaOS-Master 集成了空间定位、平面识别、手势交互、语音交互等前沿技术，实现了虚实融合与自然交互的核心目标。在芯片优化、硬件设计、软件架构、AR 算法和创作工具等方面进行了全面升级，为用户提供了业界领先的单目摄像头空间算法技术，带来了前所未有的空间体验，并为开发者提供了全链路服务。

YodaOS-Master 的设计理念集中在空间感知、空间理解、空间渲染和空间交互方面。它通过全面的技术升级，简化了开发者的使用流程，封装了空间微手势、SLAM 等核心技术，支持 Unity 引擎和 OpenXR 国际开放标准，使应用开发和移植更轻松。

此外，YodaOS-Master 支持 3D 空间视频、3D 照片观看及多屏办公等功能。Rokid 的实景合成功能允许用户捕捉并分享生活中的精彩瞬间，提供了一种全新的记录和分享生活的方式。系统经过不断地迭代，引入了更多的创新功能，如空间多屏、空间搜索等，极大地丰富了用户的交互体验。

YodaOS-Master 同样支持与 Apple Vision Pro 相似的 3D 空间视频、3D 照片观看功能，并集成了类似 ChatGPT 的对话功能，可以通过 AR 眼镜捕捉现实信息并转化为自然语言对话结果。它还支持实时翻译、阅读助手等功能，提升了用户的工作效率和娱乐体验。

作为一款专为空间计算设计的操作系统，经过不断创新，它引领了空间计算领域的发展，为用户带来了更加丰富、直观的体验。预计 YodaOS-Master 将在多个领域引起变革，推动技术进步和应用创新。

2.4.2 兼容国际开放标准

随着空间计算技术的快速发展，行业内迫切需要一套统一的标准化解决方案来应对设备多样性和接口碎片化带来的挑战。

在这一背景下，一套旨在确保不同元宇宙平台和应用之间互操作性的国际开放标准 OpenXR 应运而生。这套标准通过提供统一的 API，致力于实现 XR 体验的标准化和跨平台的兼容性，以减少行业摩擦，降低开发成本，加快 XR 设备的普及和创新，丰富用户可选择的内容。

OpenXR 标准强调设备兼容性、平台独立性、创新和迭代、生态系统支持等技术特点，允许开发者为多种 AR 设备和 VR 设备增添功能，但无须为每种设备编写特定代码。它支持多种操作系统和设备，可以实现不同平台间的无缝对接，鼓励硬件制造商在专注技术创新的同时确保软件兼容性，并得到了包括硬件制造商、游戏引擎提供商在内的广泛支持。

国际科技巨头和游戏引擎开发商的广泛支持加速了这一标准在全球范围内的普及。其核心目标是实现不同空间计算设备和平台间的互操作，通过统一的 API 简化开发过程，降低开发成本，加速技术的普及和创新。跨平台兼容性、模块化设计、性能优化和互操作性得到了包括科技巨头，以及 Unity 和 Epic Games 等游戏引擎开发商在内的广泛支持，共同推动了空间计算数字内容生态的高速发展。

Rokid 公司积极响应这一标准，其自研的空间计算操作系统 YodaOS-Master 全面支持兼容，同时引入了国产图像开发引擎，展现了 Rokid 公司在 AR 软硬件研发方面的实力和对国际开放标准的支持力度。这不仅推动了国内空间计算产业的标准化和国际化进程，更为全球空间计算的发展贡献了力量。

作为一项国际开放标准，OpenXR 对空间计算行业的意义重大，它促进了技术的互通与兼容，为行业的持续、健康发展提供了保障。对国内的企业而言，支持这一国际开放标准是提升国际竞争力、展现技术实力的重要机遇。Rokid 公司通过积极参与国际标准的制定与应用，在全球化的舞台上展示了自身优势，为全球用户带来了更优质的产品和服务，推动了空间计算技术的繁荣发展。

2.5 空间计算技术的未来展望

随着现实世界与虚拟世界的融合，人机交互方式发生了根本性的变革。通过三维重建、空间感知等关键技术，空间计算实现了人、物体、机器与虚拟空间的无缝连接。Apple 公司的 Apple Vision Pro 和 Rokid 公司的 OST AR 眼镜是这一技术发展的代表，它们通过精准的环境识别和直观的交互方式，为用户提供沉浸式的体验。

空间计算技术不仅在消费市场上带来了革新，在医疗、设计、教育等领域也展现了广泛的应用潜力。随着 5G、云计算等基础设施的不断完善，空间计算设备将更加深入人类的日常生活，提升交互效能。

空间计算的核心技术，如多模态感知交互和虚实结合体验，依赖于高精度传感器、先进算法和人工智能的支持。空间计算的设计和优化围绕 6 个核心能力：感知、理解、交互、展现、协同和数字内容创作，共同打造了一个全新的交互体验。

此外，空间计算技术的发展依赖于 AI、5G、云服务等关键支撑技术，这些关键支撑技术提供了强大的数据处理能力，支持实时交互。专门的空间计算操作系统，如 Apple 公司的 visionOS 和 Meta 公司的 Horizon OS，以及 Rokid 公司的

YodaOS-Master，通过三维交互，推动了空间计算技术的重大转变。

空间计算技术的标准，如国际开放标准 OpenXR，对行业的互通性与兼容性至关重要，它促进了空间计算技术在全球范围内的普及和创新。随着技术的不断成熟，空间计算将带来一个更智能的、更互联的数字新纪元。

第 3 章　核心元器件

3.1　显示屏幕

空间计算设备，如 AR 设备、VR 设备和 MR 设备，其核心技术之一是显示屏幕技术。这些设备通过显示屏幕融合虚拟世界与现实世界，为用户提供沉浸式的体验。随着技术的发展，显示屏幕在分辨率、刷新率、色彩准确度和视角等方面不断进步，推动了空间计算设备性能的提升。本节将探讨几种主要的显示屏幕技术及采用该技术的空间计算设备的优点、缺点和应用实例。

3.1.1　液晶显示技术

液晶显示（LCD）技术是空间计算设备中常用的一种显示屏幕技术，尤其被应用在早期的 VR 头显中。液晶显示屏幕通过调整液晶分子的排列来控制光线的穿透，从而显示图像。

1．液晶显示屏幕的优点

- 分辨率较高：液晶显示屏幕能够提供较高的分辨率，适用于显示细节丰富的图像。
- 成本相对较低：与一些采用新型显示屏幕技术的设备相比，液晶显示屏幕的制造成本较低，使得设备价格更具竞争力。

2．液晶显示屏幕的缺点

- 响应速度较慢：液晶显示屏幕的响应速度通常较慢，可能导致快速移动的图像出现拖影现象。

- 对比度较低：由于液晶层无法完全阻挡背光，因此液晶显示屏幕的对比度较低，黑色显示不够纯正。

3．液晶显示屏幕的应用实例

早期的 Oculus Rift DK1 和 HTC Vive 等 VR 设备均应用了液晶显示屏幕。

3.1.2　有机发光二极管技术

有机发光二极管（OLED）技术近年来在空间计算设备中得到了广泛应用。有机发光二极管屏幕由有机材料制成，通过电流直接发光，无须阻挡背光。

1．有机发光二极管屏幕的优点

- 对比度非常高：由于有机发光二极管屏幕的像素可以独立关闭，实现纯黑色显示，因此对比度非常高。
- 响应速度极快：有机发光二极管屏幕的响应速度极快，几乎不会出现拖影现象。
- 视角非常宽：有机发光二极管屏幕的视角非常宽，用户可以从不同的角度观看图像而不会造成失真。

2．有机发光二极管屏幕的缺点

- 成本相对较高：有机发光二极管屏幕的制造成本较高，导致设备价格较高。
- 老化问题：有机发光二极管屏幕中的有机材料会随着使用时间的增加而老化，特别是蓝色像素，可能导致屏幕寿命缩短。

3．有机发光二极管屏幕的应用实例

Oculus Rift CV1 和 PlayStation VR 等设备均应用了有机发光二极管屏幕。

3.1.3　微型显示器技术

微型显示器（Microdisplay）技术在 AR 设备和 MR 设备中尤为重要。微型显示器包括 LCoS（液晶硅）和 Micro-OLED 等类型，它们的尺寸较小，适合安装在佩戴设备中，如眼镜式设备。

1．微型显示器的优点

- 小尺寸：微型显示器的尺寸较小，适合应用于佩戴设备。
- 高像素密度：微型显示器能够提供非常高的像素密度，图像细节丰富。
- 低功耗：由于微型显示器的尺寸较小，因此其功耗相对较低。

2．微型显示器的缺点

- 光效率较低：部分微型显示器的光效率较低，可能需要更强的光源来达到足够的亮度。
- 视场角小：微型显示器的视场角（Field of View，FOV）通常较小，可能限制用户对沉浸感的体验。

3．微型显示器的应用实例

Microsoft HoloLens 和 Magic Leap One 等 AR 设备中均应用了微型显示器。

3.1.4　激光束扫描技术

激光束扫描（LBS）技术是一种新型显示屏幕技术，利用激光束快速扫描成像。激光束扫描技术具有独特的优势，使其在空间计算设备中拥有广阔的应用前景。

1．激光束扫描技术的优点

- 高亮度：激光束扫描技术可以产生非常高的亮度，适合在户外和高光环境下使用。
- 宽色域：激光的色彩纯度高，能够提供宽色域和丰富的色彩表现。
- 无限对焦：激光束的特性使激光束扫描技术可以实现从近距离到无限远的自动对焦，增强现实感。

2．激光束扫描技术的缺点

- 复杂性高：激光束扫描技术的系统较为复杂，设计和制造难度较大。
- 成本较高：由于技术的复杂性，因此激光束扫描设备的成本较高。

3．激光束扫描技术的应用实例

部分高端 AR 设备和投影显示系统正在探索激光束扫描技术的应用。

3.1.5 量子点技术

量子点（QD）技术通过在液晶显示屏幕或有机发光二极管屏幕中加入量子点材料，显著提高了显示屏幕的色彩饱和度和亮度。量子点是纳米级的半导体颗粒，能够在受到光照时发出非常纯净的颜色。

1．量子点材料的优点

- 高色彩饱和度：量子点材料能够提供非常高的色彩饱和度，使图像更加鲜艳、生动。
- 高亮度：量子点材料能够显著提高显示屏幕的亮度，增强在强光环境下的可视性。
- 低能耗：量子点材料的高效率使其在提高亮度和色彩饱和度的同时能够保持较低的能耗。

2．量子点材料的缺点

- 集成难：在现有显示技术中加入量子点材料需要克服一定的技术困难。
- 成本较高：由于材料和制造工艺的特殊性，因此量子点显示屏幕的成本较高。

3．量子点材料的应用实例

部分高端智能手机和电视已经开始应用量子点材料，以提高显示性能。

3.1.6　发展趋势与挑战

（1）分辨率和像素密度的提升：空间计算设备需要应用高分辨率和高像素密度的显示屏幕，提供清晰、细腻的图像，以减少“纱窗效应”（Screen-Door Effect）。例如，8K 分辨率的显示屏幕已经在高端设备中开始应用。

（2）高刷新率和低延迟：高刷新率和低延迟对于增强沉浸感和减少晕动症至关重要。许多 VR 设备现已支持 120Hz 甚至更高的刷新率，以确保图像显示流畅。

（3）更大的视场角：扩大视场角能够增强沉浸感。目前许多 VR 头显的视场角在 100° 左右，未来可能会进一步扩大到 120° 或更大。

（4）轻量化和便携性：随着技术的进步，显示屏幕将变得更加轻薄，以减轻设备的重量，提高佩戴设备的舒适性。

（5）成本控制：尽管新技术不断涌现，但是如何控制成本以使设备更具市场竞争力仍是一个重要挑战。

显示屏幕技术在空间计算设备中的应用不断演进，各种技术（如液晶显示、有机发光二极管、微型显示器、激光束扫描和量子点）各有优势和挑战。随着分辨率、刷新率、色彩表现等的不断改善，显示屏幕将继续推动空间计算设备的性能和用户体验的提升。在未来，随着技术的进一步成熟和成本的降低，用户可以期待更加轻便、高效，以及沉浸感更强的空间计算设备的出现。

3.2　光学

空间计算设备，如 AR 设备、VR 设备和 MR 设备，其另一种核心技术是光学技术。光学技术在这些设备中负责图像投射、显示、聚焦和成像，对设备的性能、用户体验和实际应用具有很大的影响。

3.2.1 Pancake 光学技术

Pancake 光学技术是近年来在 VR 设备中广受关注的一种创新型光学技术。它以其独特的设计和高效的光学性能，为解决传统光学系统中的一些固有问题提供了新的思路。

Pancake 光学系统通过一系列的反射、折射，实现长光路在短物理距离内的压缩。具体来说，它利用了多层反射镜和透镜的组合，通过光线在这些元件间的多次反射、折射，使得光路被大大延长，而设备的实际厚度却能保持在较低水平。

1. Pancake 光学技术的工作原理

- 光线从显示器发出，通过一个偏振分束器将特定偏振态的光线反射到反射镜上。
- 光线在反射镜上反射，通过一个透镜对其进行聚焦和校正。
- 经调整的光线回到偏振分束器后，被导向另一个反射镜，再次被反射、折射，最终到达用户眼中。

这种设计可以有效延长光路，优化图像质量，同时保持设备的轻便。

2. Pancake 光学技术的优势

Pancake 光学技术具有许多独特的优势，因此在现代 VR 设备中备受青睐。

- Pancake 光学系统能够在保持长光路的同时显著降低设备的物理厚度，这使得 VR 头显更加轻便、舒适，适合长时间佩戴。
- 通过多次反射、折射，Pancake 光学系统能够实现高精度的光学校正，有效减少像差和畸变，提供清晰、锐利的图像。Pancake 光学系统可以支持更大的视场角，提升用户的沉浸感和视觉体验。
- 光路的设计特点使 Pancake 光学系统对瞳距的适应性较强，减少了对瞳距调整的需求。

3. Pancake 光学技术的挑战

尽管 Pancake 光学技术有许多优势，但也面临一些技术和工艺上的挑战。

- 多次反射、折射会导致光线的能量损失，影响整体的光效。因此，需要高效的反射镜和透镜材料，以及精确的光学设计来将光效最大化。
- Pancake 光学系统涉及多个高精度的光学元件和复杂的制造工艺，增加了生产难度和成本。
- 多次的反射、折射会导致一定的热量积累，需要有效的热管理方案，以保证设备的稳定性和用户的使用舒适度。
- Pancake 光学系统依赖于光的偏振特性，这意味着需要精确控制光的偏振态，增加了设计和制造的复杂性。

4. Pancake 光学技术的应用

Pancake 光学技术在 VR 头显中的应用已经取得了一些显著成果，且应用前景十分广阔。VR 市场、AR 市场和 MR 市场不断扩展，对高性能、轻便化空间计算设备的需求也在不断增加。

- Oculus Quest 2 采用了改进的 Pancake 光学设计，显著降低了设备的厚度和重量，同时提供了更大的视场角和更清晰的图像。
- PICO Neo 系列的 VR 头显也使用了 Pancake 光学技术，通过紧凑的设计和高效的光学性能，提升了用户的佩戴舒适度和视觉体验。
- 随着 Pancake 光学技术的进一步成熟，它有望在更多的空间计算设备中得到应用，如 AR 眼镜和 MR 头显。其轻便、紧凑、高效的特点，非常适合需要长时间佩戴和高质量成像的设备。
- 材料科学和光学设计的进步，进一步提高了 Pancake 光学系统的光效和成像质量，减少了光线损失和热量积累。
- 随着制造工艺的改进和规模化生产，Pancake 光学系统的成本将逐步降低，并被更广泛地应用于中低端市场的空间计算设备。

探索 Pancake 光学技术在其他领域的应用，如医疗成像、工业检测和教育培训等，有助于拓展其应用范围和市场潜力。

Pancake 光学技术作为一种创新型光学方案，为空间计算设备的设计和性能优化提供了新的思路。它通过紧凑的设计和高效的光学性能，解决了传统光学系统中的一些关键问题，为用户提供了更好的佩戴体验和视觉效果。尽管面临一些技术挑战，但随着技术的不断进步和应用的扩展，Pancake 光学技术依然有望在未来的空间计算设备中扮演越来越重要的角色。了解和使用 Pancake 光学技术，将是推动空间计算设备创新和发展的关键。

3.2.2 Birdbath 光学技术

Birdbath 光学技术是 AR 设备中常用的一种光学技术，通过简单的光学元件组合实现高效的图像传输和显示。本节将详细探讨 Birdbath 光学系统的核心组件，以及 Birdbath 光学技术的工作原理、优势、挑战及其在空间计算设备中的应用。

1. Birdbath 光学系统的核心组件

- 半透半反镜（Beam Splitter）：一个能够部分反射和部分透射光线的镜片，用于将显示器上的图像投射到用户眼前。
- 显示器：通常是微显示屏幕（如 OLED 屏幕或 LCD 屏幕），用于生成图像。
- 透镜：用于聚焦和调整图像，使其清晰呈现在用户眼前。

2. Birdbath 光学技术的工作原理

- 显示器生成图像，光线从显示器中发射。
- 在光线通过透镜后，透镜会对其进行聚焦和调整。
- 聚焦后的光线到达半透半反镜，部分光线被反射到用户眼前，部分光线被透射，完成图像显示。

这种设计结构简单，能有效将显示器产生的图像投射到用户眼前，同时保持设备的轻便性和紧凑性。

3. Birdbath 光学技术的优势

Birdbath 光学技术在 AR 设备中有许多独特的优势。

- Birdbath 光学系统由少量光学元件组成，设计和制造相对简单。这使得其生产成本较低，易于实现。
- 由于结构简单，因此 Birdbath 光学系统的重量较轻，非常适合需要长时间佩戴的 AR 设备，提升用户的舒适度。
- Birdbath 光学系统的光路设计紧凑，能够在有限空间内实现高效的图像传输，适合小型化和便携式设备。
- 由于组件少且制造工艺相对简单，因此 Birdbath 光学系统的成本效益较高，适用于大规模生产和消费级市场。

4. Birdbath 光学技术的挑战

尽管 Birdbath 光学技术有许多优势，但也存在一些挑战和局限性。

- 半透半反镜的光效较低，部分光线在反射和透射过程中会损失，导致图像亮度下降，这限制了需要高亮度显示的 AR 设备。
- Birdbath 光学系统的视场角较小，无法提供全视角的沉浸式体验，这可能会成为高端 AR 应用的瓶颈。
- 由于光线需要通过多个光学元件反射、透射，因此可能会引入一些像差和畸变，影响图像质量，这需要精确的光学设计和校正。

5. Birdbath 光学技术的应用

Birdbath 光学技术在许多早期和当前的 AR 设备中得到了广泛应用，简单、高效的设计使其成了许多消费级 AR 眼镜的首选光学方案，在 AR 设备中扮演着重要角色。

- Rokid Max 系列的 AR 眼镜使用了 Birdbath 光学设计，通过半透半反镜将图像投射到用户眼前，实现了轻便、紧凑的 AR 显示。
- 虽然 AR 技术在不断发展，但 Birdbath 光学技术仍是许多中低端消费级 AR 设备的首选。改进光学设计和材料，进一步提高光效和图像质量，将使 Birdbath 光学系统在未来的 AR 设备中保持竞争力。
- Birdbath 光学技术简单的设计和制造工艺在消费级市场中具有很大的成本

优势和应用潜力。

- 尽管面临一些技术挑战，如光效和视场角限制，但通过不断的技术改进和创新，Birdbath 光学技术在未来的空间计算设备中仍将占据重要位置。
- 了解和使用 Birdbath 光学技术，将有助于设计和开发更轻便、更高效的 AR 设备，推动空间计算技术的普及和应用。

3.2.3 光波导技术

光波导技术是 AR 设备中应用的关键技术之一，可通过光学波导将显示器上的图像引导至用户眼前。这些波导可以分为阵列波导（Array Waveguide）和衍射波导（Diffractive Waveguide）两种主要类型。

- 阵列波导：利用一系列光学元件（如棱镜或微透镜阵列）将光线与波导耦合，使其先沿波导传播，再通过输出耦合器将光线引导出波导，最终到达用户眼前。这些波导通常是由玻璃或塑料制成的薄片，具有高折射率，以确保光线能够在波导内进行全内反射。
- 衍射波导：利用衍射光栅将光线与波导耦合，并通过波导内的多次衍射行为将光线引导至用户眼前。衍射光栅是由一系列微小的周期性结构组成的，能够改变光线的传播方向，实现光线的耦合和解耦。

3.2.3.1 阵列波导和衍射波导的优势与挑战

1. 阵列波导的优势

- 高效耦合：阵列波导的光线耦合效率较高，能够实现高亮度和高对比度的图像显示。
- 结构简单：阵列波导的设计相对简单，制造工艺成熟，适用于大规模生产。
- 灵活性：可以根据需要调整光学元件的排列方式，实现不同的光学效果和显示特性。

2. 阵列波导面临的挑战

- 波导损耗：光线在波导内多次反射，会产生一定的能量损耗，影响图像亮度。
- 视场角限制：光线在波导内的传播路径有限，导致阵列波导的视场角相对较小，限制了沉浸式体验的实现。

3. 衍射波导的优势

- 视场角大：衍射波导能够实现较大的视场角，增强用户的沉浸感和视觉体验。
- 轻便设计：衍射波导通常由轻质材料制成，适用于长时间佩戴的 AR 设备。
- 灵活成像：通过调节衍射光栅的周期和结构，能够实现多样化的光学设计和成像效果。

4. 衍射波导面临的挑战

- 衍射效率较低：衍射波导的衍射效率较低，在衍射过程中会损失部分光线，影响图像亮度。
- 色散问题：不同波长的光线在衍射过程中会产生色散，导致图像颜色失真，需要通过复杂的光学设计进行校正。

3.2.3.2　光波导技术在空间计算设备中的应用

光波导技术在 AR 眼镜和头显中得到了广泛应用，推动了空间计算设备的快速发展。例如，Rokid X-Craft 设备采用了衍射波导技术，通过多层衍射光栅，实现了高分辨率、大视场角的图像显示，为用户提供了沉浸式的 AR 体验。Rokid Glass2 设备采用了阵列波导技术，通过精密的光学设计，实现了高亮度和高对比度的图像显示，适用于各种 AR 应用场景。

随着光波导技术的不断进步，其应用范围将进一步扩大，如医疗成像、工业检测、教育培训等领域。光波导技术的灵活性和高效性，使其成为未来空间计算设备中的重要光学方案。

3.2.3.3 光波导技术的发展前景

光波导技术作为 AR 设备的核心光学技术，具有广阔的发展前景，其未来的发展方向包括以下几个方面。

（1）提高耦合效率：通过改进光学设计和材料，提高光线在波导内的耦合效率，降低能量损失，提高图像亮度和清晰度。

（2）优化色散校正：采用先进的光学设计方法，优化衍射光栅结构，削弱色散效应，实现更准确的颜色再现。

（3）降低成本：通过工艺改进和规模化生产，降低光波导技术的制造成本，使其在更多消费级产品中得到应用。

（4）多功能集成：将光波导技术与其他传感器和显示技术相结合，实现多功能集成，提高设备的综合性能和用户体验。

光波导技术具有高效、灵活和轻便的特点。通过不断的技术创新和优化，光波导技术将推动空间计算设备的发展，提供更优质的 AR 体验。了解和应用光波导技术，是实现未来空间计算设备创新和发展的重要途径。

3.3 芯片

随着新一代移动通信的商用，高度沉浸、多感官同感、人机融生的呈现需求逐渐显现，空间计算设备与传统智能终端相比具有更复杂的交互功能，空间计算和云计算、人工智能、三维建模等技术具有更强的软硬件能力，因此，需要通过高集成度、高性能的芯片设计验证成熟、先进的制造工艺，实现对空间计算设备的核心计算芯片、手柄设备核心计算芯片和其他芯片的创新研发，以满足多样化的呈现需求。

3.3.1 核心计算芯片

空间计算设备需要多种类型的芯片组合，主要涵盖核心计算芯片、连接芯片、光学驱动芯片、FPGA 可编程芯片、射频芯片、音视频编/解码芯片、音频功放芯片、电源管理芯片、存储芯片及其他辅助芯片等。

根据空间计算设备特有的功能和更高性能的要求，其核心计算芯片向通用芯片和专用芯片组合使用的方向发展。核心计算芯片 SoC 是空间计算设备实现运行控制和数据处理的核心，早期的 XR 产品多采用移动消费级芯片，但 XR 设备对芯片具有更多的特定需求。例如，需要更高算力以支撑高品质图像处理、丰富的交互功能、多传感器信息融合、功耗和散热。

核心计算芯片需要满足 XR 设备在感知、计算、功耗、性能、连接、AI 等方面的需求，并提供操作系统高效运行、多传感器信息融合处理等支持，其主要功能模块包括 CPU、GPU、NPU、VPU、DPU、DSP、ISP 等。

1．CPU

CPU（Central Processing Unit，中央处理器）是核心计算芯片的核心部件之一，主要用于解释计算机指令，以及处理计算机软件中的数据。

XR 领域日益增长的计算需求，给 CPU 的计算架构带来了很大挑战。CPU 既要兼顾性能提升用户体验，又要有强大的功耗控制能力，以应对未来 XR 小型化和轻量化的趋势。XR 核心计算芯片的 CPU 至少需要具备四核 A7X、主频 2GHz 及以上的能力，且需要具有更先进的生产工艺。

未来更高级别的 CPU 架构可提供更加强大的 AI 能力和 DSP 能力，为 XR 应用算法的实现提供支持，并为运算的实时负载均衡提供可能。另外，为了给 XR 内容生态开发提供便利，CPU 需具备强大的生态和软件支持能力。

2．GPU

GPU（Graphic Processing Unit，图形处理器）是一种特殊类型的处理器，将原本由 CPU 完成的图形绘制运算等工作改用专门的图形图像处理器来完成，成百上千个内核经优化后做并行运算，大幅提升了运算性能，节省了 CPU 资源。GPU 不仅可以用于图形图像渲染，还可以用于运行分析、深度学习和机器学习算法。

正是由于 GPU 强大的计算机图形处理能力和并行计算能力，才可以实现 XR

渲染复杂的内容运算。为保证 XR 内容的流畅显示和高清屏驱动，以及 XR 基本像素的填充率、纹理速率等，需要以 GPU 高速计算作为支撑，GPU 能力至少支持 512 GFLOPS 图形渲染，支持 SingleBuffer、视场渲染、Context 小粒度抢占等。

专用 XR 芯片需要对 CPU、GPU 进行功耗优化，采用更小制程实现算力提升，GPU 先进性微架构将向着更精细的图形渲染能力、更高效的通用计算能力、更智能的 AI 运算能力的方向迈进，以提供更强的图形处理和视频渲染能力，以及光线追踪等算法能力。大规模扩展计算能力的高性能计算、人工智能计算和更加逼真的图形展现方向，将成为 GPU 未来发展的 3 个趋势。

3. NPU

NPU（Neural Network Processing Unit，神经网络处理单元）本质上是一个 AI 加速器，是专为 AI 加速设计的定制电路，并且包含一些必要的控制单元和算法，以执行机器学习算法，解决传统芯片在神经网络运算时效率低下的问题。

传统的 CPU 架构和 GPU 架构可以进行神经网络的相关运算，但是神经网络运算涉及较多的乘加运算，而且是有数据相关性的乘加运算。使用传统的 CPU 架构进行类似的计算，效率非常低。GPU 架构也可以完成神经网络运算任务，但针对神经网络运算，经过特殊优化处理的 NPU 在性能上比 CPU 和 GPU 要高得多。

目前主流平台均达到了 2.4TOPS 及以上的 AI 算力，为满足高效、高品质的图形渲染，AI 算力或将达到 15TOPS 乃至更高水平。在未来，NPU 对感知能力的提升，可能会带来人机交互方式的改变，灵活性更高、实用性更强的通用智能芯片是其技术发展的必然方向。

4. VPU

VPU（Video Processing Unit，视频处理单元）是用于压缩和解压缩数字视频的专用电路。每秒 30 帧、每像素 24 bit、分辨率为 1920 像素×1080 像素的视频，在无压缩时需要的带宽为 1423.82 Mbit/s。在存储空间和联网速度有限的情况下，要实现高清视频的传输就需要用到数字视频压缩和解压缩技术。

VPU 需要支持编/解码 HEVC、VP9、AVS2、H.264，且最高延迟低于 16ms。编/解码器支持多 slice/tile，以及 slice/tile 的低延迟输出。编码器支持灵活稳定的码率控制，使码率能够平滑输出。多核解码器支持多核帧内并行解码，以降低解码延迟。为消除 VR 设备的“纱窗效应”，芯片至少应具备 4K@60fps 解码基本能力。由于 AR 技术的实现不同，因此 AR 设备对于清晰度和帧率的要求较 VR 设备的低一些。

从理论上来说，人类的视网膜中央凹最大能达到 60PPD 的可视度，在水平 120° 与垂直 135° 的视场角下，双眼大约需要 1.2 亿像素数。在未来，芯片的理想状态是满足 16K 渲染能力，以及至少 72Hz 的可变刷新率。

5. DPU

DPU（Display Processing Unit，显示处理单元）的功能比较固定，一个是 2D 加速（支持缩放、合成等功能），另一个是显示输出。

对扩展现实设备来说，随着输入分辨率的提高，对 DPU 的能力要求越来越高，对运行频率的要求也越来越高。现有的扩展现实芯片能力需能驱动双屏，驱动单屏最好满足 2.5K@120Hz 或 4K@90Hz 解码基本能力，支持高动态光照渲染（High Dynamic Range，HDR）和可变刷新率（Variable Refresh Rate，VRR）。

随着分辨率的提升，对带宽的要求也越来越高。单眼 4K 分辨率意味着 DPU 要支持 8K 的输入，对带宽来说压力很大，目前的做法是将 4K 切分为两个 2K，这就是 split 功能。未来要想支持单眼 8K 分辨率，DPU 则需要支持 16K 的输入，可能需要不止一个 DPU 的支持。带宽的高要求也对视频压缩能力提出了需求，需要减少内存带宽的占用，特别是与 GPU 的交互带宽。

6. DSP

DSP（Digital Signal Process，数字信号处理）是指对信号（如音频信号）进行数字化处理。在 XR 设备中，DSP 可以用于处理图像、视频和音频信号，以提高设备的质量、性能和效率。例如，DSP 可以用于实现空间音频、视频编/解码、机器视觉算法等。

在 XR 设备中，对 DSP 性能的要求取决于所需的计算量和实时性。例如，AR 技术的实现涉及一系列计算，包括探测真实物体、计算物体的空间位置和方向、计算虚拟物体叠加的位置、渲染虚拟物体等，为避免眩晕，实时显示，通常对计算时间有较高要求，一般不超过 20ms。因此，XR 设备中的 DSP 性能需要具备较强的计算能力和低延迟特性。在未来，为适配 XR 设备中高速、高密度数据处理的应用，DSP 将向更低功耗和更高效的方向迈进。

7．ISP

ISP（Image Signal Process，图像信号处理）在相机成像的整个环节中负责接收感光元件（Sensor）的原始信号数据，并对前端图像传感器输出的图像信息进行后期处理和计算，主要功能有色彩插值、自动白平衡、颜色较正、色彩空间转换、自动曝光控制等，XR 设备依赖 ISP 才能在不同的光学条件下较好地还原现场细节。

由于 XR 设备需要三维重建、视觉定位、插帧等多重技术的支撑，现有 XR 主控芯片需支持多路 Camera 同时曝光，因此 Camera 总输入能力的提升将成为未来趋势。在未来，随着高像素采样和多摄的不断发展，ISP 将带来更高的性能收益。

3.3.2 无线通信能力

5G、Wi-Fi 是主流无线传输技术，但无线传输的时延是个极大的挑战。XR 设备需要分布式计算处理、实时互动等特性作为支撑，且无线传输存在编码、传输、解码等环节，所有通路处理和传输时延会大幅提升，对无线传输的带宽和时延要求较高。

1．Modem

Modem 可提供调制解调能力，联合射频芯片完成蜂窝无线信号的处理、接收和发射。5G 可提供更低时延、100MHz 带宽乃至更高的性能，为 XR 设备的数据传输提供良好通道。

2．WCN 模块和其他短距离通信

XR 芯片包括 WCN 模块，具备无线通信等能力，满足 XR 业务高频多连接并发的要求，聚焦云网边端的协同渲染，可辅助其他短距离通信。

3.3.3　手柄设备核心计算芯片

扩展现实手柄设备主要由存储芯片、核心计算芯片、电源管理芯片、IMU 芯片、蓝牙芯片、射频芯片、Wi-Fi 芯片、马达驱动芯片等部分组成。

在一些高级的 XR 设备中，手柄设备有专门的核心计算芯片。手柄设备核心计算芯片的能力相较于头显核心计算芯片的低很多，需要对传感数据进行简单处理和反馈。根据手柄设备作用的不同和形态的差异，核心计算芯片需要一定程度的传输、定位和传感能力，并向自带摄像头的独立手柄设备的方向演进。

3.3.4　其他芯片

除了核心芯片和手柄设备核心计算芯片，XR 设备用到的其他芯片基本上都可以与其他场景下的芯片复用，包括但不限于连接芯片、光学驱动芯片、FPGA 可编程芯片等。连接芯片包括蓝牙芯片、Wi-Fi 芯片等；光学驱动芯片用于光学显示和双眼光学控制；FPGA 可编程芯片用于将多路数据集合到一个输入接口；射频芯片用于将 Wi-Fi、蜂窝通信发射功率放大；音视频编/解码芯片用于支持复杂的音视频信号处理应用和低功耗应用；音频功放芯片用于确保扬声器正常工作；电源管理芯片主要负责给外围 IC 和 CPU 供电，以及进行电池充放电管理和电量管理，使电源更稳定；存储芯片包括 ROM 闪存芯片和 RAM 内存芯片；其他芯片包括稳压芯片、微控制器芯片、快充协议芯片、升压芯片、电压电平芯片等。

3.3.5　芯片制造

1. 芯片功耗

XR 设备的续航能力会影响用户的使用体验，在保持芯片高算力的同时，需要兼顾功耗和散热，以保持良好的续航能力。低功耗、高能效比和更长的续航时间，将成为未来 XR 设备的技术走向。

2. 芯片安全

活体检测、人脸解锁、未来 XR 虚拟资产及用户隐私的保护，都需要芯片提供强有力的安全支撑。芯片具备安全、可信的运行环境，意味着能够提供安全性和完整性保护的独立处理环境，如划分安全区域和非安全区域，以满足内容保护和信息保护的需求。

3. 芯片制程

摩尔定律依然适用于当前集成电路的发展趋势，高芯片制程有助于实现高集成、高速运算和低功耗。为满足 XR 设备高数据计算量、数据处理和传输的需求，采用先进制程工艺制作芯片势在必行，成熟的工艺制程可以保证芯片的出货量和良品率。目前，主流的 XR 芯片可达到 5nm 乃至更先进的制程，未来的 1～2 年内可能跳跃式地发展至 3nm 以下。

4. 芯片封装

在先进制程芯片的封装中，大多采用多维异构封装技术，但现已实现晶元级、系统级、Chiplet、3D 封装技术，需克服封测过程中的连接和散热等挑战，以实现更高密度的芯片封装。

3.4 传感器

3.4.1 图像传感器

空间计算作为下一代计算技术，融合了 VR、AR 和 MR 等技术，将数字世界与物理世界无缝衔接。在这一过程中，图像传感器（Image Sensor）发挥着至关重要的作用。本节将详细探讨空间计算设备中使用的各种图像传感器，以及其工作原理、类型、应用和发展趋势。

3.4.1.1 图像传感器的工作原理

图像传感器是将光信号转换为电信号的设备，主要用于捕捉图像和视频。它们通常由数百万个光敏元件（像素）构成，每个像素都能感知入射光的强度并生成相应的电信号。这些电信号经过处理后，将形成数字图像或视频。

现在的图像传感器主要分为两种类型，CCD（电荷耦合器件）和 CMOS（互补金属氧化物半导体）。在空间计算设备中，CMOS 传感器因其功耗低、集成度高和读取速度快而被广泛应用。

3.4.1.2　图像传感器的类型

1．RGB 相机传感器

RGB 相机传感器通过捕捉红、绿、蓝三色光信号来生成彩色图像，主要用于捕捉用户周围的环境图像，进行视觉增强（如 AR 中的图像叠加）、场景识别和用户界面交互。例如，Rokid AR Studio 中的 RGB 相机传感器用于实时捕获环境图像、二维码扫描及视频拍摄分享。

2．深度传感器

深度传感器通过测量物体与传感器之间的距离来生成深度图（Depth Map），它被广泛用于 3D 建模、手势识别、物体识别和空间映射等场景。Apple 公司的 LiDAR 深度传感器（用于 iPad Pro 和 iPhone 12 Pro）使用 ToF 技术，提供精确的深度感知以增强 AR 体验。

深度传感器有多种不同的实现方式，具体如下。

- 飞行时间传感器：通过测量光脉冲从传感器中发出、反射并返回的时间差来计算距离。
- 结构光传感器：通过投射特定图案到物体表面并分析变形后的图案来计算深度。
- 立体视觉传感器：利用两台或多台相机捕捉不同视角的图像，通过视差计算深度信息。

3．红外传感器

红外传感器通过捕捉不可见的红外光来成像，如红外夜视仪，主要用于捕捉低光或无光环境下的图像，以及夜视、环境光检测和手势识别。Leap Motion 控制器使用红外传感器来追踪用户的手部动作，提供精准的手势控制。

4．鱼眼相机传感器

鱼眼相机传感器具有超广角的视场角，能够捕捉近乎 180° 的图像，主要用于环境映射、全景捕获和室内导航。支持空间计算的设备，如 Apple Vision Pro、Meta Quest 系列、Rokid Max Pro，均采用黑色全局曝光的鱼眼相机，实现空间计算能力。

3.4.1.3 图像传感器的应用

（1）环境感知：图像传感器通过捕捉周围环境的视觉信息，帮助设备了解用户所在的物理空间。这对于 AR 设备中的虚拟物体叠加和交互至关重要。

（2）用户交互：深度传感器和红外传感器结合使用，能够实现精准的手势识别和追踪，使用户能够自然地与虚拟物体互动。例如，Microsoft HoloLens 2 利用深度传感器和 AI 算法，实现了高效的手势追踪和语音控制。

（3）空间映射：通过深度传感器生成的 3D 地图，XR 设备能够精确定位自身和用户的位置，提供更准确的导航和定位服务，这在室内导航和复杂环境中的应用尤为重要。

（4）AR 设备和 VR 设备：图像传感器在 AR 设备和 VR 设备中起到桥梁作用，通过捕捉与处理现实世界中的图像和视频，创建与虚拟世界无缝融合的沉浸式体验。

3.4.1.4 图像传感器的发展趋势

（1）更高分辨率和更高帧率：随着需求的增加，图像传感器正在向更高分辨率和更高帧率的方向发展，以提供更清晰、更流畅的图像和视频。

（2）更低功耗：随着便携设备的普及，低功耗成为图像传感器的重要发展方向。这不仅延长了设备的使用时间，还缓解了发热现象，提升了用户体验。

（3）集成 AI 处理：未来的图像传感器将集成更多的 AI 处理功能，直接在传感器上进行图像处理和分析，可以降低数据传输延迟，提高处理效率。

（4）多传感器融合：通过融合多个传感器的数据，如 RGB 相机传感器与深度传感器的融合，可以获得更丰富的环境信息和更高的感知精度，提升空间计算的整体性能。

图像传感器在空间计算设备中的应用极为广泛且至关重要。随着技术的不断进步，图像传感器将变得更加智能、高效，为用户带来更沉浸的互动体验。理解并充分利用这些传感器技术，将是推动空间计算发展的关键。

3.4.2　惯性测量单元

IMU（Inertial Measurement Unit，惯性测量单元）传感器是空间计算设备的核心组件之一，它们在各种 AR 设备、VR 设备、MR 设备和其他空间计算设备中起着至关重要的作用。IMU 传感器能够检测与报告设备的加速度、角速度和磁场强度，从而提供设备的运动和姿态信息。

3.4.2.1　IMU 传感器的组成

IMU 传感器通常由 3 部分组成：加速度计、陀螺仪和磁力计。

- 加速度计：用于测量设备在 3 个正交轴上的加速度。加速度计能够检测线性运动和静态重力，使设备确定自身的方向和倾斜角度。
- 陀螺仪：用于测量设备在 3 个正交轴上的角速度。陀螺仪提供旋转运动的信息，使设备追踪自身的姿态变化和角度位移。
- 磁力计：有时包含在 IMU 传感器中，用于测量地磁场的方向和强度。磁力计有助于校正设备的方向和定位。

3.4.2.2　IMU 传感器的应用

1. 姿态跟踪

- AR 头显和 VR 头显：IMU 传感器用于实时跟踪用户头部的运动。加速度计和陀螺仪的结合使用，使设备能够精确追踪用户头部的旋转和倾斜，从而在虚拟环境中实现自然的视角转换。例如，Oculus Rift 和 HTC Vive 等

VR 头显都依赖 IMU 传感器来提供低延迟的头部跟踪。

- 手持设备：在智能手机和 AR 眼镜中，IMU 传感器用于跟踪设备的姿态变化，帮助设备实现稳定的图像显示和 AR 体验。例如，Apple 公司的 ARKit 和 Google 的 ARCore，都使用 IMU 传感器来提供平滑的 AR 体验。

2. 导航和定位

- 室内导航：IMU 传感器可以提供精确的惯性导航数据，尤其是在 GPS 信号薄弱或不可用的室内环境中。通过融合 IMU 传感器和其他传感器的数据（如 Wi-Fi 和蓝牙信号），设备能够实现高精度的室内定位。
- 无人机和移动机器人：IMU 传感器用于姿态稳定和导航控制。它能够实时感知设备的运动状态，帮助设备在复杂环境中实现稳定飞行和自主导航。

3. 手势识别

IMU 传感器用于捕捉用户的手势和动作，通过检测手部的加速度和旋转运动，实现自然的人机交互。例如，Microsoft HoloLens 2 将 IMU 传感器与其他传感器结合，实现了精准的手势识别和控制。

4. 运动检测

IMU 传感器被广泛应用于运动追踪设备，如健身追踪器和智能手表。它们能够实时监测用户的运动状态和活动水平，提供准确的运动数据和分析报告。

3.4.2.3 IMU 传感器的优势和挑战

1. IMU 传感器的优势

- 高精度：IMU 传感器能够提供高精度的运动和姿态数据，有助于实现逼真的虚拟体验和准确的定位。
- 低延迟：IMU 传感器的响应速度非常快，能够实时捕捉设备的运动状态，降低 AR 设备和 VR 设备的延迟。
- 小型化和集成度高：现代的 IMU 传感器非常小巧，易于集成到各种移动设备中，且不增加设备的体积和重量。

2．IMU 传感器的挑战

- 漂移问题：IMU 传感器容易受到累积误差的影响，从而导致姿态和位置的数据漂移，需要结合其他传感器（如 GPS、视觉传感器）进行数据校正和融合。
- 环境干扰：磁力计容易受到环境磁场的干扰，从而影响测量精度。在设计 IMU 传感器系统时，需要考虑这些干扰因素并进行相应的校正。

3.4.2.4　IMU 传感器的发展趋势

1．融合传感技术

未来的 IMU 传感器将更加注重与其他传感器（如视觉传感器、超声波传感器）的数据融合，以提高定位和导航的精度与稳定性。例如，通过视觉惯性里程计（Visual-Inertial Odometry，VIO）技术，结合 IMU 传感器和摄像头数据，实现更精准的空间定位和运动跟踪。

2．高精度和低功耗

IMU 传感器将继续向着更高精度和更低功耗的方向发展，以满足移动设备对续航时间和性能的需求。微机电系统（MEMS）技术的进步将推动 IMU 传感器的进一步小型化和性能提升。

3．智能化和自主校准

未来的 IMU 传感器将具备更强的智能化功能，可自主校准和优化传感数据，减少用户的手动干预，提高使用便利性。

IMU 传感器通过提供高精度的姿态和运动数据来支持各种 AR 设备、VR 设备、导航和手势识别应用。随着技术的不断进步，IMU 传感器将变得更加智能、高效，为用户带来更加沉浸和自然的空间计算体验。理解并充分利用这些传感器技术，将是推动空间计算设备发展的关键。

3.5 电池

在 AR 设备和空间计算设备中，电池是至关重要的核心元件。它为设备的所有功能提供动力，涵盖了从显示屏幕、传感器到处理器、通信模块的所有部分。随着 AR 技术和空间计算技术的快速发展，对电池的性能要求也越来越高。本节将探讨电池技术的发展现状、当前的技术趋势及其在 AR 设备和空间计算设备中的应用。

3.5.1 电池技术的发展现状

电池技术在过去的几十年间取得了显著进步。从最初的镍镉（NiCd）电池到如今被广泛应用的锂离子（Li-ion）电池，每一次的技术革新都带来了更长的使用寿命及更高的能量密度和安全性。

1. 镍镉电池

镍镉电池是早期的可充电电池之一，被广泛用于便携式电子设备，其具有较高的放电率和较长的寿命，但存在“记忆效应”，需要定期进行完全放电以维护电池容量。

2. 镍氢电池

镍氢电池在能量密度和环境友好性方面优于镍镉电池，具有更高的能量密度，且没有记忆效应，但自放电率较高，需要频繁充电。

3. 锂离子电池

锂离子电池是目前应用最为广泛的可充电电池，被广泛用于智能手机、笔记本电脑和电动汽车等各类设备。其能量密度高、自放电率低，且没有记忆效应，但在过充电或过放电的情况下存在安全风险，需要复杂的电池管理系统（BMS）来保障安全。

3.5.2　当前的技术趋势

随着 AR 设备和空间计算设备的普及，电池技术有了不同于之前的技术趋势。

1. 固态电池

固态电池使用固体电解质代替传统的液体电解质，具有更高的能量密度和安全性。它被认为是下一代电池技术，特别适用于需要高能量密度和高安全性的 AR 设备。

2. 快充技术

快充技术通过提高充电功率来显著缩短充电时间。在 AR 设备和空间计算设备中，快充技术可以提高设备的可用性，减少用户的等待时间。

3. 能量收集技术

能量收集技术通过收集环境中的能量（如光能、热能或运动能量）来为设备供电。这种技术可以延长设备的续航时间，甚至实现自供电，特别适用于轻便的 AR 眼镜。

4. 纳米技术

纳米技术在电池材料中的应用可以提高电池的能量密度、充放电速度并延长使用寿命。通过优化电极材料的纳米结构，电池将变得更加高效和耐用。

3.5.3　电池技术在 AR 设备和空间计算设备中的应用

电池技术在 AR 设备和空间计算设备中的应用具有特殊的需求和挑战，主要体现在能量密度、续航时间、安全性和充电速度等方面。

1. 能量密度

AR 设备和空间计算设备需要长时间运行，高能量密度的电池能够提供更长的续航时间，可以使用高能量密度的材料（如锂硫电池或固态电池）来提升能量密度。

2．续航时间

续航时间是影响用户体验的关键因素之一，长续航时间可以降低充电频率，提高设备的实用性。通过优化设备的功耗设计，采用能量收集技术和高效的电池管理系统可以延长续航时间。

3．安全性

安全性在电池设计中是最重要的考量因素，特别是在便携设备中。采用固态电池或安全性更高的电解质材料，以及先进的电池管理系统来监测和控制电池状态，可以提高电池的安全性。

4．充电速度

快速充电可以提高设备的可用性，特别是在需要频繁使用设备的场景中。通过快充技术和高效的电源管理，可以提高充电速度，缩短充电时间。

3.5.4 挑战与未来展望

尽管电池技术在过去的几十年间取得了巨大的进步，但仍然面临一些挑战。

（1）能量密度与体积：如何在保持高能量密度的同时减小电池的体积和重量，是 AR 设备面临的主要挑战之一。

（2）充电与放电速率：提高充电与放电速率，确保电池的安全性和寿命，是技术进步的关键。

（3）环境友好性：电池的生产和回收对环境的影响是需要考虑的问题。如何开发更加环保的电池，是未来需要解决的问题之一。

在未来，电池技术在 AR 设备和空间计算设备中将继续扮演关键角色。随着固态电池、能量收集技术和纳米材料等新技术的不断进步，电池的能量密度、安全性和充电速度将得到进一步提升。未来的 AR 设备和空间计算设备将更加轻便、智能和高效，为用户带来更加卓越的体验。

第 4 章 空间计算设备

空间计算设备是一类能够感知和理解物理环境，并将虚拟信息与现实世界无缝融合的设备。这些设备不仅可以提供全新的交互体验，还可以扩展现实的边界，带来更多的可能性。它们通常是 AR 设备、VR 设备或 MR 设备，并且通过传感器、摄像头和显示屏幕等硬件，实时捕捉和处理环境信息，并在用户视野中叠加虚拟信息，以提供沉浸式的交互体验。本章分别针对 VST 设备的代表 Apple Vision Pro 和 OST 设备的代表 Rokid AR Studio 来进行介绍。

4.1 Apple Vision Pro

Apple Vision Pro（见图 4-1）是 Apple 公司推出的首款空间计算设备，标志着 Apple 公司正式进军 MR 领域。该设备以其先进的技术、创新的设计和丰富的功能，为用户带来了全新的沉浸式体验。它不仅是一台显示设备，还是一个能够与用户互动的智能平台。

图 4-1　Apple Vision Pro

4.1.1 Apple Vision Pro 的定义

Apple 公司定义 Apple Vision Pro 为一台革命性的空间计算设备。它具备高度智能化的感知和处理能力，可将数字内容无缝融入真实世界，使用户在虚实结合的环境中仍能与他人保持连接。Apple Vision Pro 打造了无边际画布，让 App 突破传统显示屏幕的限制，为用户带来全新的 3D 交互体验，以最自然、最直观的输入方式来控制交互，如眼睛、手势、语音。Apple Vision Pro 搭载全球首创的空间操作系统 visionOS，通过用户与数字内容互动的模式，使数字内容如同存在于真实世界。Apple Vision Pro 的突破性设计在于将 2300 万像素置于两个显示屏幕中的超高分辨率显示系统和采用独特双芯片设计的定制 Apple 芯片两方面。

1. 打造无边际画布

visionOS 提供 3D 界面，使 App 不再受制于显示屏幕的边界，各 App 能够以任意大小和比例并排显示。Apple Vision Pro 可使用户利用无边际的屏幕来提高生产力、获取常用的 App 和打开全新的多任务处理方式，支持妙控键盘与妙控板，用户可定制完美的工作空间。或者，将 Mac 强大的功能以无线方式接入 Apple Vision Pro，打造庞大、私人且便携的 4K 显示屏幕（见图 4-2）。

图 4-2　Apple Vision Pro 的 4K 显示屏幕

2．引人入胜的娱乐体验

通过两个超高分辨率的显示屏幕，Apple Vision Pro 可以将任何空间转换成私人影院，并搭载先进的空间音频系统。用户可以观赏电影和电视节目，或者享受精彩的 3D 电影。Apple Immersive Video 提供 180° 高分辨率视频并搭载空间音频系统，用户能沉浸式地观赏一系列精彩绝伦的影片，并瞬间转移到全新的数字空间中。

3．沉浸式的空间环境

空间计算让新兴类型的游戏得以成真，它可提供各种程度的沉浸体验，带玩家进入一个全新的世界。用户可以在无限大的屏幕上畅玩 100 多个 Apple Arcade 游戏，且支持常用的游戏手柄。

4．使回忆变得鲜活

Apple Vision Pro 搭载 Apple 公司的第一台 3D 相机，使用户能通过空间音频沉浸在珍贵的回忆中。每一张空间照片、每一段空间视频都会将用户带回到曾经难忘的瞬间，与朋友欢聚的时光或是某次意义重大的家庭聚会等场景仿佛重现眼前。用户能存取 iCloud 上完整的照片图库，以真实的尺寸、鲜艳的色彩和绝佳的细节来浏览照片和视频。每张全景照片都能围绕用户展开，使用户仿佛置身其中。

5．充满空间感的 FaceTime 通话

在使用 FaceTime 通话时，每一位参与者的虚拟形象都能以真人大小呈现在用户所处的空间中，搭配空间音频，声音听起来就像从通话方所在地发出来的一样。佩戴 Apple Vision Pro 的用户，在 FaceTime 通话时的形象会使用 Apple 公司先进的机器学习技术所打造的 Persona 功能呈现，该影像即时反映用户的脸部及手部动作。用户可以通过同播共享功能与通信方一同看电影、浏览照片或进行合作演示。

6．更多的 App 体验

Apple Vision Pro 中全新的 App Store 使用户可以发掘开发者提供的 App，并且获取数以十万计的、在 iPhone 和 iPad 上被熟知的可用的 App，这些 App 可以

在 Apple Vision Pro 的新系统上自动、顺畅地运行。Apple 公司的开发者社群能够更深入地利用 Apple Vision Pro 和 visionOS 既强大又独特的功能，设计全新的 App 并为空间计算重塑现有 App 的体验。

7. 革命性的操作系统和用户交互界面

基于 macOS、iOS 和 iPadOS 数十年的工程创新积累，visionOS 从设计之初就考虑到了空间计算对低延迟的要求，一个革命性的操作系统就此诞生。它利用用户的周围空间提供强大的空间计算功能，解锁了办公和娱乐的全新体验。

visionOS 搭载全新的 3D 界面，使数字内容看起来就像在用户的真实世界中存在一样，通过自然光线和阴影的变化来帮助用户感知比例与距离。为了让用户和虚拟信息有效互动，Apple Vision Pro 带来了全新的输入系统，用户可以通过眼睛、手势和语音来控制。当用户浏览 App 界面时，只需要捏合手指即可选择 App，轻拂手腕即可滚动屏幕，或者通过听写来识别、输入指令。

Apple Vision Pro 搭载 EyeSight 这项超凡的创新技术，可使用户与周围的人保持连接。当有人靠近佩戴 Apple Vision Pro 的用户时，设备的视区会变得透明，让用户可以看见靠近的人，同时让靠近的人也可以看到用户的眼睛。当用户沉浸于空间环境或使用 App 时，EyeSight 会提供视觉线索，告知他人用户在专注于什么事情。

8. 突破性的设计

基于 Apple 公司在设计高性能产品（如 Mac、iPhone 和可穿戴产品 Apple Watch 等）方面的创新能力和经验，Apple Vision Pro 集各项优点于一身，成了极先进的个人电子设备。为达成性能、移动力和可穿戴性都完美兼容的宏大目标，Apple 公司在生产 Apple Vision Pro 时采用了最先进的材料。

设计精巧的 Apple Vision Pro 搭载着数量惊人的尖端科技。在一整块以 3D 方式成型与压层的玻璃表面进行光学抛光，将其用作一系列摄像头和传感器的镜片，数字内容可与真实世界完美融合。定制的铝合金边框在用户的面部周围微微弯曲并与玻璃完美契合，模块化的设计可按需定制，以符合绝大多数个体的需求。轻质眼罩使用柔软的织物，提供各种尺寸和形状以贴合每位用户的脸型。可调节松紧的边带确保扬声装置保持贴近用户的耳朵，采用 3D 织法的多种尺寸的头带不仅舒适、透气，还具有弹性。头带通过单一机制固定，易于更换尺寸和形状。

9．无可比拟的硬件创新

Apple Vision Pro 的设计旨在为精巧的穿戴装置提供无与伦比的计算表现，配备由 Apple 芯片驱动的突破性超高精度的显示系统，使用 Micro-OLED 技术将 2300 万像素置于两个邮票大小的显示屏幕中，支持广色域和 HDR。此项技术突破了定制反射、折射镜片的效果，实现了令人惊艳的锐度和清晰度，带来了难以置信的绝佳体验。有视觉矫正需求的用户可额外插入 Zeiss 光学插片，以确保视觉保真度和眼动追踪的精准度。

先进的空间音频系统是 Apple Vision Pro 的核心，声音犹如从用户的四面八方涌来并融入空间。两侧的音频组件各有一组双驱动单元，可根据用户的头部及耳朵形状定制个性化的空间音频。

除了突破性的显示屏幕和先进的音频体验，Apple Vision Pro 的高效眼动追踪系统使用高速相机和一圈 LED 灯，投射非可见的光图像至用户的眼前，以获取即时的直观反馈。

这些突破性的创新由 Apple 芯片技术驱动，独特的双芯片设计——M2，带来了无可比拟的表现，而全新的 R1 芯片可处理来自 12 台相机、5 个传感器和 6 个麦克风的信息，以确保内容毫无延迟地出现在用户眼前。R1 芯片可在 12ms 内将新影像串流至显示屏幕，比眨眼速度快 8 倍。Apple Vision Pro 在接入电源后可全天使用，搭配外接高性能电池，最长使用时间可达 2 小时。

10．领先行业的隐私和安全保护

基于强大的隐私和安全保护功能，Apple Vision Pro 赋予了用户对自己的数据的更高的控制权。

Optic ID 是一个全新的安全认证系统，通过分析在各种非可见 LED 光下的用户虹膜，并与存储在安全隔离区中的用户注册的 Optic ID 对比，可以迅速解锁 Apple Vision Pro。用户的 Optic ID 信息完全以加密的形式存储在设备上，不会储存在 Apple 服务器上，也无法被任何 App 访问。

用户在使用 Apple Vision Pro 时所浏览的内容和眼睛追踪的信息，均不会与 Apple 公司、第三方 App 或网站分享。除此之外，来自相机和其他传感器的信息均直接在设备端处理，所以 App 不需要通过“看见”用户的周围环境来提供空间体验。EyeSight 包含一个视觉指示灯，能告知周围的人用户正在拍摄空间照片或空间视频。

4.1.2 Apple Vision Pro 的产品参数

Apple Vision Pro 的产品参数如表 4-1 所示。

表 4-1 Apple Vision Pro 的产品参数

产品名	Apple Vision Pro
形态	VST AR 一体机（电池外置）
光学	3P Pancake
分辨率	双屏 3200 万像素，单眼 4K（3648 像素×3144 像素）
屏幕	2×1.42 英寸定制 Micro-OLED 内屏 1×OLED 柔性外屏
交互	1×物理按键+1×物理旋钮 眼动追踪+手势识别 语音交互
芯片	主处理芯片 Apple M2（5nm 工艺，8 核 CPU+10 核 GPU） 协处理芯片 Apple R1（5nm 工艺，用于处理摄像头、传感器和麦克风的输入，图像传输延迟低于 12ms）
系统	visionOS
传感器	12×Camera + 1×LiDAR + 2×结构光深度传感器 + 2×IR 红外传感器
眼动追踪	支持（4Camera）
虹膜识别	支持
面部追踪	支持
麦克风	6 个
瞳距调节	支持
近视方案	支持定制磁吸近视镜片
音频	空间音频（音频射线追踪技术）
电池	外置电池，续航 2 小时
其他	EyeSight 反向透视
发布时间	2023 年 6 月

4.1.3 Apple Vision Pro 的核心特点

1. 单眼 4K 分辨率的 Micro-OLED 屏幕

Apple Vision Pro 配备的单眼 4K 分辨率的 Micro-OLED 屏幕，采用了先进的 OLED 技术，每个像素点都能独立发光，实现了超高对比度和广色域的显示效果。OLED 技术不仅保证了画面的清晰度和细腻度，还带来了更低的功耗和更长的使用寿命。同时，4K 分辨率的超高清画质，使得每一帧图像都充满了丰富的细节和生动的色彩，为用户带来了极致的视觉体验。所有体验过 Apple Vision Pro 的用户几乎都对其显示效果给出了相当高的评价，为这种超高分辨率所带来的视觉体验带来了正向反馈。

2. 眼、手、口协同交互

Apple Vision Pro 的自然交互技术，结合了先进的计算机视觉、传感器融合和机器学习算法。通过高精度摄像头捕捉用户的眼球运动和手势动作，并结合语音识别技术，实现了无须触摸屏幕即可完成各种操作的自然交互方式。这种交互方式不仅提高了设备的易用性和灵活性，还极大地提升了用户体验，使用户更加沉浸地享受科技带来的便利。

3. M2+R1 双芯片架构

Apple Vision Pro 的 M2+R1 双芯片架构，既保证了 VST 画面的清晰和低延迟，又保证了设备性能的稳定，使得设备在运行过程中更加节能、高效。M2 芯片作为主处理器，拥有强大的计算能力和图形处理能力，能够应对各种复杂的应用场景。而 R1 芯片则专注于实时传感数据的处理，具有高度的并行性和低延迟性，确保了设备在各种运动状态下的稳定性和准确性。

4. 空间拍摄+空间相册

Apple Vision Pro 的空间拍摄功能为用户带来了全新的摄影体验。用户可以站在不同的角度拍摄出更具创意与立体感的照片和视频。这些照片和视频不仅记录了用户的美好瞬间，还通过空间相册更好地还原了拍摄时的临场感和沉浸感。用户可以随时回顾自己的作品，并与亲朋好友分享这份快乐。

5. 隐私安全的最佳方案

虹膜被视为 VR/AR 中理想的隐私安全技术方案，相较于指纹、面部、密码，其安全系数更高。虹膜的特征因人而异，连同卵双胞胎也不例外。在出生 18 个月后，虹膜就已定型，且终生不变，受外界气候、环境变化、身体变化等因素的影响非常小，是一项非常稳定的生物特征。这决定了虹膜的独特性，也决定了身份识别的唯一性。

6. Persona+FaceTime

Apple Vision Pro 的 Persona 功能利用先进的三维建模和动画技术，为用户创建了一个栩栩如生的虚拟形象。这个虚拟形象不仅具有高度的真实感，还能根据用户的表情和动作进行实时反馈。佩戴 Apple Vision Pro 的用户，在 FaceTime 通话时的形象会使用 Apple 公司先进的机器学习技术所打造的 Persona 功能呈现，可即时反映用户的脸部及手部动作。用户可以通过同播共享功能一同观看电影、浏览照片或合作演示。

7. EyeSight，创造性地帮助用户与周围的人保持连接

EyeSight 作为 Apple Vision Pro 的一项独特功能，采用了先进的人工智能和计算机视觉技术，对用户的视觉信息进行深入分析和理解。当有人靠近正在佩戴 Apple Vision Pro 的用户时，设备的视区会变透明，让用户可以看见靠近的人，同时让靠近的人也可以看到用户的眼睛。当用户沉浸于空间环境或使用 App 时，EyeSight 会提供视觉线索，让他人知道用户在专注于什么事情。

4.2 Rokid AR Studio

Rokid AR Studio（见图 4-3）是 Rokid 公司于 2023 年推出的消费级个人空间计算平台，其特点是通过一个摄像头实现 SLAM、手势交互、视觉定位 VPS（View Position State）能力等多种空间交互方式，以满足不同的空间计算应用场景。

图 4-3　Rokid AR Studio

4.2.1　Rokid AR Studio 的定义

Rokid AR Studio 由 Rokid Max Pro 眼镜和 Rokid Station Pro 主机组成，搭载 Rokid 公司自研的空间计算操作系统 YodaOS-Master，提供超强的空间计算能力和极致的视听体验。Rokid AR Studio 适合追求极致体验的用户，无论是在观影、游戏、办公还是在文旅展陈等场景下，都能提供轻便佩戴和高性能的 AR 体验。Rokid AR Studio 的核心卖点在于以强大的空间计算技术支持的应用体验，以及能够为开发者提供创作空间计算数字内容的强大生态工具链。

1. 空间办公

Rokid AR Studio 可以在桌面空间同时打开多个应用，并且精心设计窗口所在的位置和大小。应用依次整齐地排列在桌面空间中，保证用户无论如何转动视野，每个窗口都可以正对。用户可以自由选择想要打开的应用，图片、视频、文件灵活切换，一览无余。专有的“三模式”可以根据不同的应用内容来切换窗口的大小和距离，信息处理效率倍增。在多屏模式下，文字、音视频、网页、在线会议等不同内容可以同时呈现，为用户提供更多维度的浏览选择，避免因频繁切换窗口而带来不便；在巨幕模式下，显示屏幕位于最佳观影区域且窗口可以自由调节大小，方便用户获取巨幕观影的绝佳体验；在阅读模式下，通过将显示屏幕拉近，用户可以熟悉的距离来浏览文本内容，就像浏览摆在面前的书籍一样。此外，Rokid

AR Studio 凭借其便于携带的体积得以适应灵活多变的应用场景，满足随时随地的使用需求。

2. 空间搜索

空间搜索改变了传统平面媒介下的瀑布流展现形式，通过更加便捷的信息获取方式，实现精准搜索、智能推荐，打造全新的信息生态。空间搜索让信息触手可及，让搜索不受限制。通过手势和语音进行内容搜索，可以根据重要性或感兴趣程度对搜索结果进行空间排列。在空间搜索时，可以通过实物或照片获取相关信息并在桌面空间中进行 360° 展示，展示角度可通过手势控制。空间搜索有效提高了用户获取信息的效率，它代表了一种全新的信息呈现范式。

3. 空间影音

通过设置巨幕，放大画面，用户可以更好地感受影像作品的画面感和立体感。巨幕增强了影像或声音的感染力、表现力和逼真程度，为用户带来了身临其境的观影体验。同时，良好的立体视觉效果使画面栩栩如生，用户可以更加全面地了解影像作品的特征和细节。声音可以从水平、垂直、深度等多个维度进行呈现，在更加立体、生动的同时，其来源也会更加清晰。

4. 空间相册

空间相册“回忆”作为展现用户回忆瞬间的最佳内容播放器，具有绝佳的记忆重现的沉浸感和临场感。通过对播放画面的处理及整体界面的合理设计，所播放的内容会更加突出、立体，高斯模糊的边框设计使得播放画面与现实环境完美融合，播放画面放大时的时空隧道感使用户隐约有记忆重现的感觉，用户拍摄的全景照片也得以在空间相册中完美重现。用户可以通过转动头部来浏览全部的照片内容。

5. 超域浏览器

超域浏览器旨在构建新一代 Web 基础设施，它在保留传统浏览器核心功能的基础上，致力于为用户提供超越平面的沉浸式在线体验。这种体验不仅限于纯虚拟环境，如互动游戏或 360° 全景视频，还实现了 Web 内容与现实环境的无缝融合。超域浏览器在传统浏览器的基础上进行了创新，并通过这些创新将 Web 体验提升到一个新的高度，为用户打造了一个更加直观、自然且沉浸的数字世界。

- 三维呈现：妥善地在三维空间中呈现二维窗口，提升信息展示的层次感和空间感。
- 立体视觉：通过双目立体视觉技术，增强用户对虚拟信息的深度感知。
- 多模态交互：引入多种交互方式，使用户可以如同与实物互动般操作 Web 元素。
- 沉浸式媒体模块：支持观看各类空间媒体，丰富用户的视听体验。
- WebXR 标准支持：允许用户通过浏览器一键式地进入各种空间应用，拓展了 Web 的可能性。

6. 空间投屏

空间投屏是指用户可以将其他设备（如手机、平板电脑或笔记本电脑）的屏幕内容无线传输到 YodaOS-Master 中，目前标准的无线投屏协议有 Airplay、DLNA 等。通过空间投屏，YodaOS-Master 实现了多台设备的屏幕内容同时在虚拟空间中显示的功能，实现了传统显示器、计算机无法企及的空间体验。此外，空间投屏还支持 macOS 的超宽屏投屏，这种投屏方式拓展了原本固定比例分辨率的显示屏幕，同时更宽比例的虚拟显示屏幕支持更多任务的同时处理，提高了信息处理的效率。

7. 丰富生态内容体验

空间计算设备在推广到消费者市场时遇到的最主要问题是，是否有丰富且实用的生态内容能供消费者体验和试用。YodaOS-Master 通过创新性地兼容和改进 AOSP（Android Open Source Project，Android 开放源代码项目），实现了对安卓应用的全兼容，并且通过定制应用显示逻辑和交互框架，实现了多联屏和单应用窗口多开功能，这在传统的空间计算设备上，通常需要应用主动适配系统才能实现。Rokid AR Studio 通过 Rokid 公司自研的 UXR SDK，以及 YodaOS-Master 系统对 WebXR 标准和 OpenXR 标准的兼容，全面支持市面上主流的 XR 开发工具和三维引擎。此外，Rokid 公司创新性地提出了 JSAR 标准，旨在通过更加通用的方式，允许多个不同来源的内容在同一个桌面空间打开。

4.2.2 Rokid AR Studio 的产品参数

Rokid AR Studio 的产品参数如表 4-2 所示。

表 4-2 Rokid AR Studio 的产品参数

产品名	Rokid AR Studio
形态	OST AR 分体机
光学	Birdbath + Micro-OLED
分辨率	单眼 1920 像素×1200 像素
屏幕	2×Micro-OLED（1920 像素×1200 像素）
交互	手势 语音 射线 键盘鼠标
芯片	高通 XR2+ Gen1
系统	YodaOS-Master
传感器	1×Camera（眼镜端）+ 1×Camera（主机端）
麦克风	2 个
瞳距调节	支持（软件）
近视方案	支持定制近视镜片
音频	空间音频
电池	续航接近 4 小时
其他	支持 OTG 接口
发布时间	2023 年 8 月

4.2.3 Rokid AR Studio 的核心特点

1. 基于单摄像头的空间计算能力

YodaOS-Master 摆脱了空间计算设备对于大量传感器的需求，通过定制系统框架和自研空间算法，借助一个摄像头实现了空间定位、空间交互、空间感知等能力，具备了 SLAM、手势识别、VPS 等空间计算能力。通过这一创新技术，空间计算设备可以降低对传感器数量和对芯片能力的要求，使设备更轻便、易携。

2. 多任务空间

Rokid AR Studio 创新性地实现了多任务空间功能，可以同时打开和运行多个窗口应用和空间内容，满足多屏办公、多屏观影等场景需求。这种多任务空间功能使用户可以在同一视野中处理不同类型的信息，提升了工作效率和娱乐体验。

3. 广泛生态兼容

YodaOS-Master 通过创新性地兼容和改进 AOSP，实现了对安卓应用的全面兼容。通过定制应用显示和交互框架，实现了多联屏和单应用窗口多开功能。这些特性在传统的空间计算设备上通常需要应用进行专门适配才能实现。Rokid AR Studio 凭借自研的 UXR SDK，以及 YodaOS-Master 对 WebXR 标准和 OpenXR 标准的兼容性，全面支持市面上主流的 XR 开发工具和三维引擎。这大大拓展了开发者的选择范围和创作可能性。

此外，Rokid 公司创新性地提出了 JSAR 标准。这一标准旨在提供一种更加通用的方式，使得不同来源的多个内容可以在同一空间中共存和交互。这一突破性的概念为 AR 应用的整合和互操作性提供了更多可能性，推动了 AR 技术的进一步发展。

4. 多模态交互

在交互能力方面，YodaOS-Master 创造性地将手势、语音、射线、键盘鼠标等多模态交互能力融合，对标准应用开发来说不需要额外定制和实现交互，就可以实现统一的交互方式。未来通过系统架构的兼容，YodaOS-Master 还将支持眼动、EMG 手环等多模态交互能力。这种多模态交互的实现，使用户能够以最自然、最直观的方式与设备进行互动，进一步提升了用户体验。

4.3 总结

通过 Apple Vision Pro 和 Rokid AR Studio，可以看到 AR 技术在显示技术、自然交互、芯片架构、空间计算和隐私安全等方面的突破。Apple Vision Pro 的单眼

4K 分辨率 Micro-OLED 屏幕和 M2+R1 双芯片架构，与 Rokid AR Studio 基于单摄像头的空间计算能力和 YodaOS-Master，共同为用户提供了极致的视觉享受和高效的交互体验。这些先进的技术不仅提升了用户的使用体验，还在办公、观影、游戏等多个应用场景中展现出了巨大的潜力。随着 AR 技术的不断进步和生态系统的不断完善，可以期待更多的设备厂商为用户带来更多的创新和惊喜，这将持续推动 AR 技术走向更广阔的应用领域。

第 5 章 空间计算操作系统

5.1 需要空间计算操作系统的原因

在 PC 互联网领域，Windows 与 macOS 堪称最终赢家，各占桌面计算机的半壁江山；在移动互联网时代，Android 与 iOS 凭借绝佳的交互体验和丰富的内容生态，将竞争对手远远地抛在身后；而诸如塞班、WindowsPhone（见图 5-1）、WebOS 系统等也都成为过往云烟。

图 5-1　WindowsPhone

空间计算作为下一代计算平台，不仅预示着交互方式的革命，更代表着对未来世界的全新理解。无论是互联网巨头还是创业公司，都为一个新时代的来临感到兴奋，纷纷投身于这场创新革命。而一个专门为空间计算设计的操作系统，成了这场革命的关键。

空间计算操作系统是针对虚拟和现实混合场景而设计的操作系统，它利用计算机视觉、传感器融合等技术实现对现实世界中的物体、场景的三维感知和理解。这种操作系统能够将现实世界与虚拟世界无缝融合，为用户提供更加丰富、直观、自然的交互体验。

空间计算操作系统的优势有以下几点。

1．交互方式革新

空间计算操作系统的核心在于对交互方式的重新定义。传统的键盘鼠标和触控屏幕操作，已经无法满足人类对三维空间中内容的全部交互需求。眼动追踪、手势控制、语音输入，甚至脑机接口等交互方式，使用户能够以最直观、最自然的方式与设备交互，仿佛与现实世界中的物体互动，如通过手势来攻击虚拟怪物（见图 5-2）。

图 5-2　通过手势来攻击虚拟怪物

2．三维信息呈现

空间计算操作系统打破了虚拟与现实的界限，将三维空间信息整合到用户的操作环境中。在空间计算操作系统中，虚拟信息可以被放置、操作和交互，就像它们真实存在一样。

3. 虚拟世界与现实世界融合

虚拟世界与现实世界无缝融合的体验是空间计算操作系统的独特魅力。它结合了 AR 和 VR 的优点，为用户提供了一个既能感知现实世界，又能感知虚拟世界的环境。这种融合不仅丰富了用户体验，也为应用的创新提供了灵感。

4. 多任务处理

在空间计算操作系统中，多任务处理不再是简单的窗口切换，而是在一个立体的环境中同时管理和操作多个应用。这种高效的多任务处理能力，可以将工作和娱乐相结合，在保持流畅和灵活使用的前提下，大幅提升生产效率，模糊工作与生活的边界。

5. 硬件性能最大化

空间计算操作系统为硬件性能的发挥提供了最佳平台，它针对特定的硬件配置进行了优化，确保了用户交互的流畅性、图形渲染的质量和数据处理的速度。同时软硬件的高效协作也让硬件性能得以完美发挥，设备功耗得以控制在一个理想区间内。这种优化不仅提升了用户体验，还推动了硬件技术的进步。

6. 数据安全与隐私保护

随着设备功能的增强，用户对数据安全与隐私保护的需求日益增长。空间计算操作系统通过集成先进的安全功能，如生物特征识别认证，确保用户数据的安全。

7. 内容生态构建

一个成熟的空间计算操作系统能够吸引大量开发者为平台创造丰富的应用和服务。这种生态系统的构建，为用户提供了多样化的选择，同时为设备厂商带来了更大的市场潜力。一个健康、活跃的生态系统是空间计算技术持续发展的关键。

随着技术的不断发展和用户需求的不断变化，空间计算操作系统将成为未来空间计算设备最核心的部分，也将是各设备厂商主要的竞争方向及体现设备差异的方面。而具备设计与开发空间计算操作系统能力的公司，将突破技术壁垒和生态壁垒，形成更紧密的合作关系，产生更广泛的市场影响力。

5.2 YodaOS-Master 空间操作系统的概述

YodaOS-Master 是一款 Rokid 公司专为空间计算时代设计的 AR 空间操作系统，它具备强大的实时空间计算能力，支持多模态交互，并针对核心应用场景进行了深度的操作系统定制和自研能力开发，旨在完美融合物理世界和数字世界、充分展现信息特点、方便信息交流，并为用户提供沉浸式的交互体验。

区别于其他的空间计算操作系统，YodaOS-Master 有其独特的优势。

1. 基于单摄像头的空间感知算法

YodaOS-Master 采用了业界领先的单摄像头空间感知算法，这种算法能够在单摄像头的限制下实现厘米级的定位精度，如 Max Pro 上的单摄像头（见图 5-3）。通过这种算法，系统不仅能够精确映射和理解物理空间，还能够以低延迟进行实时渲染，提供流畅的用户体验。这种算法的优势在于它不依赖于昂贵的多摄像头系统或其他复杂的传感器组合，从而降低了硬件成本并简化了设备设计。此外，搭配 YodaOS-Master 的 SLAM 技术具有高鲁棒性，即使在室内外光照变化较大的环境中也能稳定运行，这大大扩展了其应用场景。

2. 支持多种芯片平台

YodaOS-Master 可以在不同的硬件配置上运行，无论是高性能芯片还是低功耗芯片都支持使用，这种灵活性使得 YodaOS-Master 能够适配多种芯片平台。通过优化不同芯片的性能，YodaOS-Master 能够充分发挥硬件的潜力，提供高效、流畅的用户体验。这种跨平台的灵活性和兼容性为开发者提供了极大的便利，使得他们可以更容易地将应用移植到不同设备上，而无须为每个芯片平台单独开发应用。

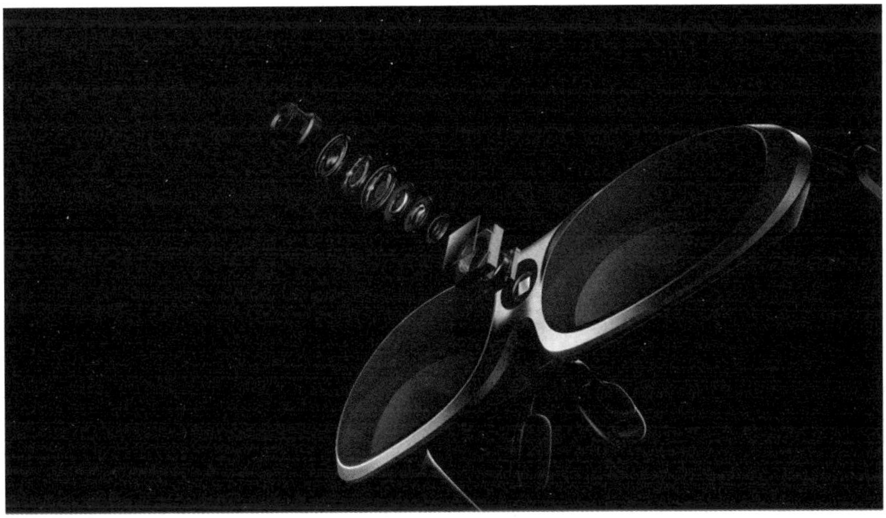

图 5-3　Max Pro 上的单摄像头

3．支持多种三维引擎

YodaOS-Master 支持多种三维引擎，包括目前流行的 Unity、Unreal Engine，以及其他符合 OpenXR 标准的引擎。这种跨引擎的支持使得开发者可以使用熟悉的工具和平台来创建丰富的 AR 内容。值得一提的是，YodaOS-Master 可以与国产三维引擎——粒界科技的 GritGene 图形引擎，无缝集成，这不仅为开发者提供了更多的选择，还为用户带来了更加逼真、流畅的 AR 体验。通过与不同引擎的合作，YodaOS-Master 能够提供更加多样化和高质量的视觉内容，以满足不同用户的需求。

4．支持多种 XR 行业标准

YodaOS-Master 支持多种 XR 行业标准，如 OpenXR，这是一个由 Khronos Group 开发的用于统一 AR 设备和 VR 设备与应用之间接口的开放标准。通过遵循这些标准，YodaOS-Master 确保了与各种 XR 硬件和软件的兼容性，为开发者提供了一个统一的开发环境。这种兼容不仅简化了开发流程，还推动了整个行业的标准化。此外，支持行业标准也意味着 YodaOS-Master 可以更快地适应新的技术发展和市场变化，保持领先地位。图 5-4 所示为 YodaOS-Master 架框图。

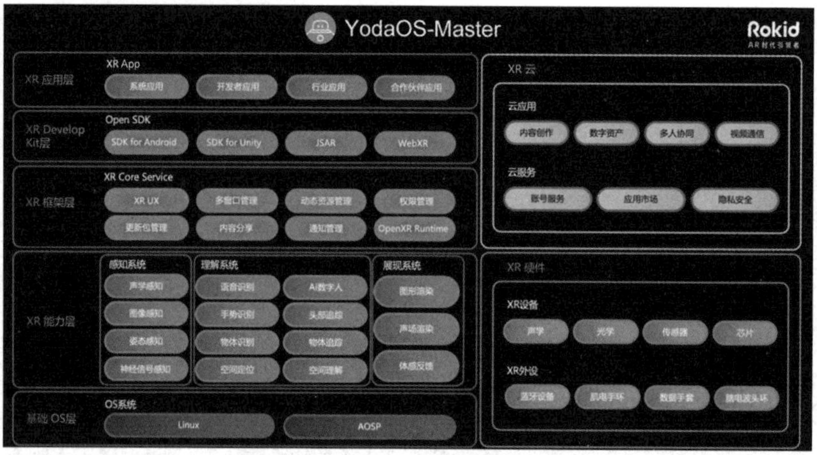

图 5-4　YodaOS-Master 架构图

5.3 YodaOS-Master 空间计算操作系统的特点

YodaOS-Master 作为专为空间计算场景设计的操作系统，它的特点主要集中在以下几个方面。

5.3.1　实时空间计算能力

空间计算场景不仅要求精确的定位能力和渲染能力，还需要流畅、自然的交互能力，以及真实感强烈的声音环境，从而为用户提供一个无缝融合虚拟世界与现实世界的环境。因此，实时空间计算能力是构成沉浸式空间计算场景的关键技术要素。

1. 空间定位

空间定位是指系统对用户在三维空间中的位置和移动进行精确识别与追踪的能力，这通常由端侧 SLAM 技术实现，它能够在没有外部参照物的情况下，通过内部传感器对环境进行映射和定位。空间定位还包括物体追踪和光线估计，这些能力使得系统能够理解虚拟信息与现实世界的关系，实现虚实空间的配准和遮挡关系处理。

2．空间交互

空间交互是指用户在虚拟环境中与虚拟信息进行交互的方式，包括语音交互、眼手交互、触摸交互等多种形式。其中，眼手交互允许用户通过视线和手势来操控虚拟信息，而物体追踪技术则使用户能够通过实际的物理动作与 AR 元素进行互动。除此之外，空间交互还包括键盘鼠标交互、主机射线控制等形式，为用户提供了丰富多样的操作选择。

3．空间渲染

空间渲染是指将虚拟图像与现实世界融合在一起的技术，它要求系统具有高刷新率和低延时渲染功能，以保证图像的流畅性和实时性。反畸变技术和反色散技术用于校正因摄像头或其他传感器特性引起的图像扭曲，以确保渲染内容的真实性和准确性。虚实遮挡技术和双目立体显示技术则增强了三维视觉效果，使用户能够感受到更加真实的空间深度。

4．空间显示

空间显示用于在用户的视场角中呈现虚拟信息，包括大视场角和双目立体显示技术，它们共同提供宽广且立体的视野。端侧和云侧 VPS 技术确保在不同设备和网络条件下，用户都能获得一致的视觉体验。此外，环境反射技术和物体追踪技术使得虚拟图像能够根据现实环境的变化动态调整。

5．空间音频

空间音频是指创造与视觉体验相匹配的三维声音环境的技术。对声音方向和声音距离的感知使用户能够根据声音的来源和距离判断位置，从而实现视听位置的一致性。空间立体声和声音反射技术模拟了声音在现实环境中的传播和反射效果，使用户能够感受到虚拟信息发出的声音，以及声音在空间中的移动。

5.3.2　多模态交互能力

YodaOS-Master 支持多种交互方式，包括手势、语音、触摸板等，为用户提供了丰富的交互选择。这种多模态交互设计使得用户可以根据自己的习惯和场景需求，选择最自然、直观的交互方式。

1．手势交互

用户可以通过自然的手势和虚拟信息进行交互。YodaOS-Master 利用单摄像头和先进的 AI 算法来识别与追踪用户的手势，从而实现无须物理接触的交互。

2．语音交互

语音识别技术使得用户可以通过声音来控制设备和应用。YodaOS-Master 结合软硬件设计，搭建完整的语音识别能力，并结合 AI 大模型能力，理解和执行用户的语音指令。

3．触摸板交互

用户可以使用触摸板进行精确的控制和输入行为，这种交互方式较为简单，用户容易理解。YodaOS-Master 优化了触摸板的响应速度和精确度，以确保用户可以获得良好的交互体验。

4．主机射线

主机射线是指主机通过模拟用户的视线作为射线来选择和操作虚拟信息。用户可以通过移动主机来指向和选择界面上的内容。

5．键盘鼠标

传统的键盘鼠标的交互方式仍然是许多任务的首选输入方式。YodaOS-Master 支持键盘鼠标交互，为用户提供了熟悉的操作方式，特别是在办公、编程和其他需要精确输入的应用中。

6．头手联动交互

结合头部追踪技术和手势识别技术，YodaOS-Master 可以实现头手联动交互。用户可以通过头部动作来控制视线方向选择内容，同时可以使用手势来进行更复杂的操作。这种交互方式为用户提供了更自然、直观的控制方法。

7．眼手交互

眼手交互是指系统同时追踪用户的视线和手势。YodaOS-Master 通过结合眼动追踪技术和手势识别技术，使用户通过简单的眼神和手势来控制虚拟环境，这种交互方式在教育、游戏和辅助技术等领域应用广泛。

5.3.3 自研操作系统能力

YodaOS-Master 针对核心应用场景进行了深度的操作系统定制和自研能力开发，实现了多项技术的突破和能力拓展。

1．智能化调度

通过智能化调度技术，发挥多核架构优势，既保证了 SLAM、手势、渲染等高实时性任务的毫秒级实时响应，又满足了后台多个任务同时运行的需求。

2．高刷实时渲染

从显示芯片和计算芯片方案的全链路定制，到空间计算和空间渲染的全链路优化，实现了系统级高刷新率的实时渲染。

3．C/S 系统架构

将核心空间计算算法和核心空间计算能力集成到系统服务中，核心空间计算能力会随系统升级，系统服务与客户端 SDK 解耦，降低客户端包体大小，减轻开发者负担，支持多客户端同时运行。

4．多任务框架

深度定制 AOSP 中的 Multi-display 等框架，支持多个 2D 应用在空间中同时运行，创新性地实现支持多个空间小程序和多个 2D 应用同时运行。

5．硬件资源虚拟化

将 Camera、IMU、MIC 等硬件资源虚拟化，允许多个客户端同时使用原本进程独占的硬件资源，从而使得每个应用都能根据自身需求调用硬件资源。

6. AI 助手

将 Rokid 传统语音技术与大模型能力相结合，可提供系统级的在线语音能力，可充当用户的 AI 助手。

7. 性能监测

系统级的性能监测工具有助于开发者实时监控 CPU/GPU 的使用率、系统温度、算法的 Position/Rotation 等关键数据。此外，该工具还能监测 Camera 的实时画面，便于开发者进行调试和系统优化。这样的工具设计，旨在帮助开发者有效理解和改善应用的性能。

5.3.4 混合应用框架

YodaOS-Master 支持安卓应用、Web 网页、空间小程序、Unity 小程序等内容在同一个数字环境中同时运行。混合应用框架支持更广泛的内容生态，使用统一的交互方式确保用户在不同的体验内容中能够得到一致的用户体验。

1. 兼容性

混合应用框架能够识别和支持安卓应用、Web 网页、空间小程序、Unity 小程序等不同种类的内容在同一个数字环境下同时打开和使用，并确保它们在统一的环境中稳定运行。

2. 集成性

混合应用框架提供了一个统一的接口和环境，允许不同类型的应用共享资源和数据，实现了高效的集成和交互。

3. 扩展性

随着新技术和新类型的应用的出现，混合应用框架可以轻松扩展，以支持更多类型的应用和功能。

4. 性能优化

混合应用框架通过智能调度和资源管理，确保不同应用之间的运行不会相互干扰，同时优化系统性能和响应速度。

5．创新性

混合应用框架为开发者提供了一个实验和创新平台，鼓励他们探索新的应用类型和交互方式。开发者可以探索多个内容之间的及虚拟世界与物理世界之间的关联和交互，从而产生广泛且丰富的创新想法和创意内容。

YodaOS-Master 以其强大的实时空间计算能力、灵活的多模态交互设计、高效的自研操作系统能力和创新的混合应用框架，为 AR 领域带来了创新和突破。它不仅提供了高质量的用户体验，还为开发者和合作伙伴创造了新的机遇，有效推动了整个行业的技术进步和生态发展。

5.4 基于 YodaOS-Master 开发空间计算应用

5.4.1 软件设计与开发过程

基于 YodaOS-Master 开发空间计算应用是一个复杂但充满机遇的过程，在这个过程中，需要开发者不断学习和适应新的技术和概念，但也为开发者提供了塑造未来计算范式的机会。

作为空间计算应用的开发者，在进行相应的软件设计之前，首先，需要详细了解空间计算平台和空间计算的概念，深入理解空间计算的核心概念和潜在的应用场景。然后，熟悉 YodaOS-Master 的特性和限制，Rokid 提供了相应的开发者文档和 SDK 说明，开发者应该仔细阅读并掌握这些资料。根据 YodaOS-Master 的特性和现有条件，开发者可以选择合适的开发工具。YodaOS-Master 支持 Unity、Unreal、Android 等开发工具，也支持 OpenXR 标准和 WebXR 标准，还支持安卓应用和 Web 应用，开发者可以根据自己的能力和项目需求选择合适的开发工具。最后，开发者需要安装必要的开发工具和 SDK，同时准备相应的开发设备，以便进行本地开发和测试。

标准的软件设计应包含以下几个步骤。

1. 开发者应明确开发需求

- 明确应用的目标和功能。对开发者来说，将想法细化为详细的需求是必须在开发前期就完成的事情。在开发后期，开发者需要根据实际情况和用户调研不断调整，优化需求和用户体验。
- 确定目标用户。每一个需求都是针对目标用户，为解决具体场景下的实际问题而提出的。通过对目标用户的定义和挖掘，可以深挖开发需求。
- 分析空间计算带来的独特需求。空间计算与以往的计算平台不同，它增添了对于空间的感知、理解、展现、交互、协同等属性，开发者需要充分考虑和发挥这些特性，使其融入产品设计中，以便更好地为产品价值服务。
- 考虑 YodaOS-Master 的特性和限制。开发者需要充分发挥 YodaOS-Master 的特性和优点，尽可能避免空间计算平台对开发者和应用内容的限制。

2. 开发者需要对软件进行功能规划

- 列出核心功能和次要功能。尤其对小型的开发者团队来说，要聚焦核心功能必须先完成小型产品闭环。核心功能基本确定了产品的内容和交互形态，持续迭代核心功能，进而不断实现次要功能，最终才能完成整体产品的闭环。
- 确定功能的优先级。功能的优先级与核心功能和次要功能相关，它由功能的重要程度和紧急程度共同决定，确定好功能的重要程度后，就需要规划功能的优先级。值得注意的是，部分功能具备关联性和必要性，因此要整体规划功能的优先级。
- 考虑空间交互的特点，设计适合空间计算的功能。空间计算能力会影响功能的实用性和可实现性，因此需要充分考虑空间交互的特点，使定义的功能能够符合空间计算平台的特性和要求。

3. 开发者需站在用户的角度上进行产品设计

- 设计空间界面布局。空间计算平台提供了独特的三维环境，因此要充分考虑立体感、空间感。合理利用三维空间可以避免界面元素过于拥挤，保证最佳的可读性和可操作性。

- 规划用户交互流程。在空间计算中，用户的交互流程需要特别考虑，设计需要符合自然交互原则，使用户能够直观地操作界面，在三维空间中轻松找到所需的功能和信息，减少用户在三维空间中不必要的移动，从而简化交互路径，提升交互效率。
- 考虑交互特点，优化操作体验。交互需要提供及时、清晰的视听反馈，确保用户了解哪些操作执行成功。在设计时需要考虑容错，部分设计的交互需要增加引导环节。

4. 开发者需要进行技术架构设计

- 选择适当的开发架构。合理的开发架构是确保空间计算应用性能优异、可维护性强的关键，可以考虑使用 UXR2.0 或 OpenXR 标准实现高性能的空间计算应用。
- 设计应用开发整体架构。清晰的分层设计可以提高代码的可维护性和可拓展性，模块化设计有利于团队协作和后续维护，异步处理有利于确保空间计算中的复杂操作不会阻碍用户操作。在设计时也需要更多地考虑空间渲染的性能需求。
- 规划开发模块管理。Rokid 公司提供的开发工具中包含一些可复用的开发组件，可以提高开发效率和一致性。同时，开发者需要考虑版本控制、依赖管理、构建流程、测试策略等问题。

5. 开发者需要考虑应用的隐私安全设计

- 考虑空间计算应用的特殊安全需求。在加密存储和传输用户空间位置、视线等敏感数据时，不能将用户的摄像头数据传输到云端，设计机制应防止应用在用户周边环境中显示敏感信息等。
- 设计用户数据保护机制。空间计算应用只能收集和存储必要的用户数据，降低潜在的数据泄露风险。对不需要识别个人身份的数据进行匿名化管理，并定期删除不再需要的用户数据。

在完成软件设计工作后，就可以进入实际的开发流程了。一般的标准开发流程应包含以下几个步骤。

1．配置开发环境

- 配置开发环境，如 Web、安卓、Unity 等内容的开发环境。Web 开发工具可以使用 VS Code、WebStorm 等 IDE，安卓开发工具可以使用 Android Studio，Unity 可以使用 Unity Hub 或 Unity Editor，并配置相关插件和工具。
- 安装 UXR2.0 SDK，或者其他 YodaOS-Master 支持使用的 SDK。在本章的后续内容中也会重点提及，如何利用 Rokid 公司提供的开发者工具包开发空间计算应用。
- 设置模拟器或真机测试环境。Rokid 公司提供的开发者文档会重点强调系统所支持的设备，开发者需要重点留意这方面的信息。

2．基础框架开发

- 创建项目结构。根据需求，开发者需要创建合理的项目结构，包括文件夹组织、配置文件等。
- 集成相关 SDK。开发者在选择好合适的 SDK 后，一般需要确认开发环境和 SDK 配置，确保其能正常工作。可以基于开发者工具包提前实现交互能力和空间展现效果，以便熟悉 SDK。
- 实现基本的空间交互功能。实现手势、语音、射线等交互功能，为后续的开发打下基础。

3．核心功能开发

- 实现规划的核心功能。根据前期规划的功能需求开发各功能模块，并将各功能模块集成到主应用中，以确保各功能模块能够协同工作。
- 集成所需的 API。这里涉及外部的和内部的 API，如果项目内部有多个服务或模块，则需要设计和实现内部 API，以确保各模块之间能够有效通信。

4. 用户界面开发

- 实现空间界面布局。根据设计文档创建和实现空间界面布局。值得注意的是，如果开发者创建的是空间计算应用，那么传统的界面设计工具可能无法适用，需要使用 Spline 等专为空间适配的设计工具。
- 开发交互功能。开发者需要实现用户操作的事件处理逻辑，提升交互体验，尽可能地为界面元素添加动画效果，以提升流畅度和视觉效果。
- 优化用户交互体验。这里主要针对真机体验来优化用户体验，尤其是在空间计算场景可能会涉及用户的真实环境的情况下，真实环境的影响也需要被考虑在内。
- 优化空间 UI 的视觉效果。考虑到真实环境对界面产生的影响，开发者需要使用高质量的图像和视觉元素，设计并实现可读且美观的界面。如果涉及大量的文字阅读场景，则需要选择合适的字体、字号，以确保文字内容的清晰、易读。

5. 性能优化

- 优化应用启动速度。开发者需要考虑空间计算应用的运行情况，使用延迟加载、预加载、代码拆分等方法进行优化。
- 优化渲染性能。对空间计算应用来说，完美发挥设备的硬件性能，展现足够丰富的空间信息至关重要。可以通过减少重绘、美术素材优化等方法优化渲染性能。
- 优化内存和电池使用时长。考虑到设备的使用时长，需要根据空间计算应用的内容来优化内存和电池使用时长，如内存管理、资源释放、低功耗设计等情况。YodaOS-Master 已经提供了系统级的内存和电池使用优化策略。

6. 测试与调试

- 进行单元测试和集成测试。测试与调试是确保应用质量和稳定性的关键步骤。先对每个单元进行单元测试，确保其功能的正确性，再对功能模块进行集成测试，确保各模块之间能够协同工作。

- 在真机上进行全面测试。在真机上进行全面测试，确保应用在真实环境中能够正常运行。真机测试可以发现很多用户体验方面的问题，强烈建议开发者团队多进行真机测试。
- 调试并修复发现的问题。通过调试工具和日志记录，可以定位、分析和解决很多问题。通过收集用户反馈，可以发现和修复用户在使用过程中的问题，持续优化产品。

7. 发布准备

- 准备应用描述和应用截图。应用描述应尽可能体现应用的功能和特点，而应用截图可以更快地向审核人员和用户展示应用的界面与功能。
- 完成应用打包。通过应用签名可以确保应用的安全性和完整性。为了更好地统计应用的使用情况，开发者可以考虑在应用中添加埋点统计 SDK。
- 提交到 Rokid 开放平台完成应用商店上架。审核通过后，将应用发布到 YodaOS-Master 应用市场，以供用户下载和使用。

通过以上详细的开发流程，开发者可以确保基于 YodaOS-Master 的空间计算应用开发能够高质量、高效率地完成，并顺利发布到 YodaOS-Master 应用市场。

5.4.1.1 专题：设计混合应用开发框架

YodaOS-Master 是一个强大的空间计算操作系统，其核心理念是提供丰富多样的内容形态，以满足用户在不同场景下的需求。无论是在多屏办公空间中唤起一个 3D 陪伴式宠物，还是在电商应用中以 3D 形式展示商品，或是进入一个虚拟空间进行全球遨游，YodaOS-Master 都能提供无与伦比的用户体验。

1. 多应用形态

为满足用户多样化的需求，我们抽象出了三大类应用形态：桌面应用、空间应用和空间小程序。

（1）桌面应用：以“窗口”形式存在于桌面空间中（见图 5-5）。桌面应用一般是安卓原生应用或 Web 应用，这些应用窗口遵循系统的展示及交互规则。

图 5-5　以“窗口”形式存在的桌面应用

（2）空间应用：单独享有整个空间，只会显示该应用的内容（见图 5-6）。开发者在此空间中可以任意定制内容的展示形式及交互方式。

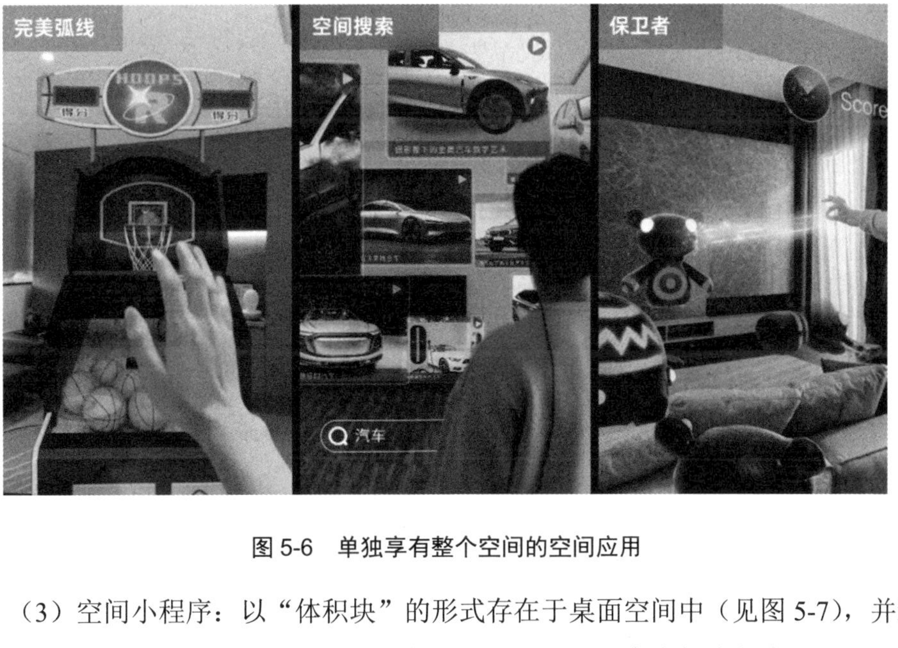

图 5-6　单独享有整个空间的空间应用

（3）空间小程序：以“体积块”的形式存在于桌面空间中（见图 5-7），并遵循系统的展示及交互规则。用户可以使用 JSAR SDK 开发空间小程序。

图 5-7　以“体积块”的形式存在的空间小程序

以上这些多样化的应用被称为“混合应用”，可以根据不同的应用形态为开发者提供丰富的开发工具，即混合应用开发框架。混合应用开发框架可以为开发者提供多种能力和可能性，这离不开其强大的特性。

2．混合应用开发框架的核心特性

（1）开放性：开发者要想开发出足够有创意的应用，离不开强大的能力支持，UXR SDK 为开发者开放了底层的数据能力，给予了其足够的自由度去发挥创意。例如，UXR SDK 不仅提供了基于摄像头完成的空间定位、空间手势等算法，还提供了“摄像头”的底层图像数据，为开发者提供了更大的空间去开发更丰富多样的应用。

（2）用户导向：开发者构建的内容最终面向消费者，即面向用户，开发的应用应符合用户需求。Rokid 公司站在用户的角度抽象出了一些开发的能力边界和普适性规则。

- 能力边界：由于空间定位及空间交互依赖于摄像头数据，因此为开发者提供了摄像头的 Camera 数据，以便完成相应的算法实现，但是该数据涉及用户隐私，所以仅支持与功能相关的开发，不能挪作他用。

- 普适性规则：空间应用中定义了 0、3、6 三种自由度（Degrees Of Freedom，DOF），但没有提供类似于“2 自由度”的接口。因为在空间中或现实中，这样的自由度内容对于用户是不友好的，所以限制了这种空间的属性。

（3）开发者友好性：相较于传统的平面内容，全新的空间操作系统进行的是全新的内容开发，但依然需要考虑开发者的学习成本和开发者友好性，删繁就简，将复杂的空间应用开发定义为两个规则：定义空间和定义交互。在上层的开发中，针对这两个规则抽象出了两个组件分别管理空间应用的开发，开发者仅需了解对这两个组件的开发过程即可完成复杂的应用设计。

（4）接口规范：混合应用开发框架对于接口的命名和功能经过了整体性的设计，使开发者在开发过程中对一些相似的或关联的接口，可以形成统一的或层次分明的认知，以便快速、高效地完成开发。

5.4.1.2　专题：回忆

1．产品的由来

1）照片的发展史

1826 年，法国科学家约瑟夫 • 尼塞福尔 • 尼埃普斯成功拍摄了世界上第一张永久性照片，这张照片是通过光化学作用实现的。1839 年，路易 • 达盖尔改进了摄影技术，发明了达盖尔银版法，使摄影成为大众可以进行的活动。1888 年，柯达公司推出了首款便携式相机“柯达一号”，使摄影更加普及。

进入 20 世纪后，摄影进一步发展。1935 年，柯达公司推出了第一款商业化的彩色胶卷“柯达克罗姆”，彩色摄影逐渐取代黑白摄影。

与此同时，视频技术也在快速发展。1895 年，卢米埃尔兄弟在前人的基础上发明了活动电影机，并在巴黎进行了世界上首次公开的电影放映，这标志着电影时代的开始。1927 年，华纳兄弟公司摄制了第一部有声电影《爵士歌王》，声音与画面同步的技术使电影艺术迈上新台阶。

电视的出现进一步推动了视频技术的发展。1924 年，英国工程师约翰 • 洛吉 • 贝尔德发明了第一台工作电视机，开启了电视广播的新时代。20 世纪 50 年代，黑白电视普及，60年代彩色电视逐渐进入千家万户。

进入21世纪后，数字技术彻底改变了摄影和视频行业。数码相机的出现使传统的胶卷逐渐退出历史舞台。智能手机普及后，人人都能随时随地拍摄高质量的照片和视频。此外，互联网的发展使得图片和视频的传播更加迅速，社交媒体如抖音、快手、哔哩哔哩、小红书、微信朋友圈等成为展示和分享作品的重要渠道。

2）空间影像的发展史

人类对于视觉感官的追求从来都是无止境的，在摄影被发明后不久，人类便开始尝试创建具有深度感的图像。1838年，查尔斯·惠斯顿发明了立体镜，使观看立体图像成为可能。20世纪初，立体电影开始出现，但由于技术限制和高昂的成本，因此直到20世纪50年代才迎来短暂的浪潮。

3D技术在20世纪末和21世纪初迎来了突破性发展。2009年，詹姆斯·卡梅隆导演的电影《阿凡达》在全球范围内取得巨大成功，这标志着现代3D电影的开始。数字3D技术增强了观众的体验感，进而推动了3D电影、电视和游戏的普及。

3D照片或视频的成像原理基于人眼的立体视觉。它通过捕捉并记录角度略有不同的两个图像，将图像分别传递给左右眼，模拟自然的视差效应，从而产生深度感和立体效果。这种技术利用人类视觉系统对立体景深的感知机制，展现了逼真的立体感。

如今，我们将3D影像称为“空间影像”，这个称谓更为贴切和写实。相比传统影像，空间影像融合了更丰富的空间信息，使得用户不仅能够看到过去的时光，更能够感受到那一时刻的立体空间感。空间影像不仅是对物体的再现，更是一种情感和记忆的延伸，能够让用户在回顾影像时重温亲历过的情景，体会当时的情感。这种技术的发展不仅仅改变了影像的表现形式，更深刻地影响了人类对于过去和未来的感知方式。

空间影像的拍摄设备从最初的专业电影机发展到富士推出的3D数码相机W1，再到2011年HTC发布的Evo 3D拍摄手机，以及佳能为无反相机设计的

Canon RF 5.2mm F2.8L 双鱼眼镜头，近年来 iPhone 15 Pro 系列和 vivo X100 Ultra 系列，在手机这一亿级销量的大众消费品上带来了巨大的空间拍摄能力，进一步推动了空间影像的发展，使其逐渐在大众消费者中普及。这些技术的进步预示着空间影像技术即将迎来爆发，将成为未来影像制作和观赏的重要形式之一。

在传统屏幕上，如在手机、计算机、电视屏幕上观看空间影像，左右眼看到的图像看起来相同，但实际上两张图像存在微小的视角差异。

要想在这些屏幕上体验到真正的空间感，观众需要让眼睛进入“平行眼”状态，即让左眼只看左边的图像，右眼只看右边的图像（见图 5-8）。通过大脑的协调作用，这两幅图像最终会合成立体效果。但这种观看方式是违反人类生理习惯的，会导致一定的不适。

图 5-8　左右眼分别看到的图像

而在 AR 眼镜中，左右眼分别看向一个不同的屏幕，AR 眼镜可以将这两幅图像对应地显示到屏幕上，从而使用户自然、直接地体验到空间感。同样是上面的图像，用户看到的内容就好像是这趟列车在驶出画外，天空中的两只小鸟正在飞翔，这便是 AR 眼镜天生的优势（见图 5-9）。

图 5-9　AR 眼镜中看到的同一张图像

3）全景图的发展史

除了空间影像，其实手机中也有一项潜力巨大的拍摄功能，那就是全景图。虽然每部手机的相机应用中都具备这个功能，但受限于当前的显示设备，全景图还没有得到普及。

首款支持全景图拍摄的手机是 iPhone 5。2012 年，Apple 公司发布的这款手机带来了全新的全景图拍摄功能。iPhone 5 在相机应用中加入了 Panorama 功能，允许用户在拍摄时横向或纵向移动手机，相机会自动拍摄一系列照片并将其拼接成一张全景图。这种无缝拼接的技术在当时是一项重大突破，使得普通用户也能轻松拍摄出具有专业水准的全景图。

Apple 公司的这一创新为后来的全景图拍摄功能奠定了基础，其他智能手机制造商在他们的设备中也加入了类似的功能，使全景图拍摄逐渐成为智能手机相机应用的标准配置之一。如今，从小米到华为，各大品牌的手机都具备了全景图拍摄功能，用户只需轻轻一滑，就能捕捉到身边的美丽风景。

全景图最适合拍摄大范围的景色。试想一下，当你站在赛里木湖畔，眼前碧蓝的湖水与远处白雪覆盖的群山交相辉映时，单张照片无法完全捕捉这一壮丽景色。而全景图则可以完整捕捉这一美景，让人仿佛置身其中，感受大自然的恢宏壮丽。然而，在手机上查看照片时，由于屏幕较小，因此只能逐点查看，失去了全景图应有的震撼效果，这无疑是一个遗憾。

这就是尽管全景图拍摄已成为智能手机相机应用的标准功能，但它仍然没有得到广泛应用的原因。全景图的震撼在于将整张照片放大呈现在用户面前，使用户仿佛回到拍摄时的场景。这种沉浸式的观感在手机屏幕上难以实现，而这一效果可以通过 AR 眼镜来实现。

AR 眼镜凭借更大的显示画面和空间显示功能，能够以近乎真实的大小呈现全景图。同时，依靠空间显示技术，全景图能够以用户为中心环绕展现，使用户仿佛重新置身于拍摄现场。

4）"回忆"的由来

在空间影像和全景图上的优势让 Rokid 开始深思：最适合空间影像和全景图的 AR 应用应该是怎样的？空间计算时代的相册又应该如何设计？

相册作为每个操作系统不可或缺的应用，不仅具有影像的存储和查看功能，更是记录生活点滴和情感回忆的重要工具。但在空间计算时代，Rokid 想要使用 AR 技术的独特优势重新塑造这一传统应用。最初选择了"空间相册"这一名称，旨在直观地表现应用的核心功能，即相册和空间影像。但随着对各类设备拍摄的空间影像和全景图的深入研究，Rokid 意识到了这些影像背后的更深层次的含义——影像记录了个人与环境交融的珍贵时刻。影像不仅可以让用户回顾当时的画面，更重要的是，可以唤起用户深藏心底的情感和记忆，使用户在回溯时空的同时，重新感受那些被珍视的时刻。

因此，Rokid 决定将"空间相册"重新命名为"回忆"。新名称不仅更贴合应用的核心价值，还可以更深刻地表达用户与影像之间的情感联系。AR 眼镜是空间影像和全景图的最佳承载工具，Rokid 希望用户在 AR 眼镜中能够深度沉浸，像穿越时空一般重温过去的片段。

在 AR 眼镜中，"回忆"不仅具有传统相册的功能，还承载了人文情感，增强了用户的使用体验，并满足他们在情感上的需求。

2. "回忆"的设计

1）"回忆"的设计层级

"回忆"的一级页面为应用的首页，即所有内容的缩略图列表，便于用户快速查找所需内容。

在首页中点击缩略图后进入的二级页面被称为小窗口，其作用是让用户详细地查看内容。

放大小窗口后进入的三级页面被称为大窗口，其作用是让用户更沉浸地查看内容。

2）“回忆”的体验设计

具体到产品设计方面，“回忆”要满足以下几个核心体验需求。

（1）不丢失基础的浏览效率体验。

在 AR 设计中，许多产品喜欢将简单的交互复杂化，加入炫酷的动效，以此来惊艳用户。然而，在用户的日常使用中，过多的动效会导致操作效率降低，使用户在频繁的交互中感到烦琐和疲惫。

对相册应用来说，内容的浏览效率一直是基础的体验需求。当用户浏览照片时，在大多数情况下都希望能够快速找到记忆中的某张照片。因此，在首页列表的设计上，“回忆”采用了常见的平面网格布局。这种布局不仅符合用户的使用习惯，还可以给复杂的视觉信息带来一种简洁、有序的感觉。

网格布局将照片排列成整齐的网格，每张照片的尺寸相同或接近。这种布局方式简洁、有序，易于浏览和寻找特定的照片，可以满足用户高效查找的需求。与其他更复杂的布局方式相比，网格布局有助于减轻用户的认知负担，使用户可以快速浏览大量照片，不必费力去适应各种不同的布局方式。

此外，网格布局还具有视觉上的一致性，使得整个界面更加整洁、美观。在网格布局中，照片的间距一致，排列规整，用户在浏览时不会感到混乱。

在实际使用时，用户可以迅速滑动屏幕，轻松浏览照片库，找到自己想要的照片。此外，网格布局还可以与其他功能模块无缝融合，如相册的搜索功能、分类功能等，从而进一步提升用户体验。

（2）简洁明了的类型分类。

类型分类是一个高效界面的基础需求，“回忆”界面被分为了 3 个部分，即首页右侧的 3 个标签，依次为全部、空间内容、全景图。在全部标签中包含所有类型的媒体文件，2D、空间、全景图都会按照时间顺序进行排列；在空间内容标签中，仅包含空间照片和空间视频；在全景图标签中，仅包含全景图。

这是一个非常简单的分类，将“回忆”中极具优势的空间内容和全景图单独分类，以便用户在应用中快速查找所需内容。

（3）突出重点的界面设计。

在设计小窗口时，着重考虑了两个关键点：一是无干扰的内容查看，二是尽可能完善的功能操作。

首先，将控制按钮和内容显示窗口完全分离，确保用户的视线始终集中在内容显示窗口上。这样一来，用户可以直接、完整地查看内容，不会被任何因素干扰视线。

然后，实现交互按钮智能出现和消失的逻辑。在一定时间内，所有与查看无关的交互按钮自动隐藏，一旦用户有了交互的意图，相应的按钮将立即出现，满足用户的操作需求。

在空间显示的优势下，Rokid 在小窗口下方增加了一行缩略图。这些缩略图清晰地展示了当前显示内容周围的图像，使用户可以快速了解并选择感兴趣的内容。即使在小窗口模式下，用户也能够以高效的方式浏览和管理媒体内容。这种界面设计不仅优化了用户的使用体验，还提升了操作的便捷性和效率。

（4）适应沉浸体验下的界面逻辑。

大窗口是用户沉浸式浏览过往影像的核心空间。在这一层级中，用户的注意力重点放在观看画面上。首先，在大窗口中，内容会被适当放大，以提供最佳的视觉体验。其次，界面设计应尽量减少干扰因素，因此，“回忆”除去了所有与内容无关的元素，仅保留基本的控制按钮，并遵循智能出现和消失的逻辑。同时，为了减轻视场角边界的分割感，引入了毛玻璃的渐变过渡效果。这种设计进一步降低了外部因素对观看体验的影响，能够确保用户完全沉浸在影像中，实现最佳的观赏体验。

3. “回忆”的特别设计

1）观看界面的毛玻璃效果

“回忆”的小窗口和大窗口都增加了边缘的毛玻璃效果（Frosted Glass Effect）。

小窗口通过毛玻璃边框营造出一种窗户的感觉，让观众犹如透过窗户看外面的风景，进一步增强了应用的空间感。在大窗口中，毛玻璃效果用于减轻影像内容与现实环境过渡的边界感，同时适当延伸内容的光线，营造出一种时光隧道的回忆感。

在以上两个窗口的设计中，显示图片的视场角均稍小于拍摄时的视场角，这样可以增强视差效果，使立体感更加明显，进而加强空间影像的沉浸感。

下面是造成这种视差效果的原因。

- 视差增强：视差是形成立体视觉的关键因素。拍摄时的视差是由左右眼看到的图像差异产生的。当观看的视场角比拍摄的视场角小时，图像会被压缩，视差效果会变得更加明显。这个过程类似于放大视差，从而增强了立体感。
- 视觉集中：当观看的视场角比拍摄的视场角小时，观众的视野会集中在图像的中心部分，大幅减少了周边内容的视觉干扰。这种集中效果使得眼睛更容易捕捉到细微的深度线索，从而增强立体感。
- 相对距离感：在视场角缩小时，图像中的对象看起来会更大、距离更近，这使人眼更容易感知到物体之间的相对距离。相对距离的增强会使空间深度效果更加明显，仿佛物体从屏幕中“跳”出来了。
- 减少边缘失真：在较大的视场角下，图像的边缘可能会出现失真或变形，这会干扰立体感知。当观看的视场角缩小时，边缘失真也会减少，使得图像更加逼真，从而增强空间效果。

2）UI 界面的毛玻璃效果

在整个应用中，大量运用了毛玻璃效果作为 UI 设计基础，毛玻璃效果非常适合 AR 眼镜中的 UI 设计，原因包括以下几点。

- 背景与内容的分离：毛玻璃效果能够模糊背景，使 UI 界面的内容更加突出和易于辨识。这种效果能够帮助用户专注于 UI 元素，而不会被背景内容干扰，同时仍旧能够感知背景的存在，保持空间感。
- 视觉清晰度和层次感：毛玻璃效果通过模糊处理，虽然保留了背景的色彩和光影信息，但减少了细节，增强了前景内容的清晰度。这种处理方式创造了层次感，使得 UI 元素看起来更立体，更符合 AR 应用的空间特性。

- 减少视觉疲劳：在 AR 眼镜中，用户能够同时看到现实世界中的内容和虚拟信息。毛玻璃效果柔和了背景内容的细节，使得视觉信息更为简洁，有助于减少视觉疲劳，提供更加舒适的用户体验。
- 提升美观度与一致性：毛玻璃效果具有现代且美观的视觉特性，常用于高端设计中。在 AR 眼镜中应用这种效果，可以提升整体 UI 设计的美观度和一致性，使 UI 界面更加时尚，更加具有吸引力。
- 信息优先级：设计师可以通过应用毛玻璃效果有效控制信息的优先级。重要的 UI 元素，如按钮、通知和文本信息，可以清晰地显示在背景上，而次要信息则被背景模糊处理，从而避免信息过载，提高用户操作的效率和准确性。
- 适应光线变化：在现实世界中，光线环境复杂多变，而毛玻璃效果能够适应不同的光线条件，使 UI 元素在各种背景下都能保持良好的可读性，这对于 AR 眼镜的实际应用非常重要。

4. “回忆”的成果及展望

历经一年多的开发周期，终于完成了“回忆”应用的所有功能，涵盖了系统底层的性能优化、针对流畅性的缓存机制，以及自动识别空间影像和全景图的算法。Rokid 为用户打造了一个功能完备的应用，旨在提供卓越的使用体验。通过用户的反馈，当前“回忆”在整体的视觉性和功能性方面，已经达到了用户的期望。同时，Rokid 将应用整体开放，以供其他合作伙伴应用，如一些手机厂商，使其在具备手机的空间拍摄功能的同时，实现更加优化的观看体验。

Rokid 深信，通过对“回忆”的推广和使用，不仅能提升用户对全景图的兴趣和使用欲望，还能推动影像拍摄技术的进步和发展。“回忆”所展现的先进算法和优秀体验将为整个行业树立新的标杆，促进应用创新，推动空间影像在日常生活中的应用。

5.4.1.3 专题：超域浏览器

1. 超域浏览器的设计理念

浏览器作为现代操作系统中必不可少的核心应用和 Web 基础设施，在空间计算时代面临着新的挑战和机遇。YodaOS-Master 虽然兼容安卓应用，可为用户提供丰富的浏览器选择，但这些传统的安卓浏览器并未针对 AR 设备进行优化，无法充分发挥空间计算的潜力。

传统浏览器，如 Chrome，在网页浏览、视频观看和文件下载等基本功能上表现出色，功能完善且成熟。然而，传统浏览器在 AR 环境下的交互易用性和效率仍有待提高。更重要的是，它们缺乏与空间计算相关的高级功能，无法满足用户对沉浸式空间的期待。

随着人类进入空间计算时代，传统的桌面或移动端浏览器已不足以应对新的挑战，同时，这也提供了创造更自然、更沉浸的应用的机会。

在这种情况下，超域浏览器应运而生，旨在构建新一代 Web 基础设施。它在保留传统浏览器核心功能的基础上，致力于为用户提供超越平面的沉浸式在线体验，如互动游戏或 360° 全景视频，更重要的是实现了 Web 内容与现实环境的无缝融合。

具体而言，超域浏览器实现了以下创新。

- 三维呈现：妥善地在三维空间中呈现二维窗口，以提升信息展示的层次感和空间感。
- 立体视觉：通过双目立体视觉技术，增强用户对虚拟信息的深度感知。
- 多模态交互：引入多种交互方式，使用户如同与现实物体互动般操作 Web 元素。
- 沉浸式媒体模块：支持查看各种类型的媒体内容，丰富用户的视听体验。
- WebXR 标准支持：允许用户通过浏览器一键式地进入各种空间应用，拓展了 Web 的可能性。

通过这些创新，超域浏览器能将 Web 体验提升到一个新的高度，为用户打造一个更加直观、自然且沉浸的数字世界。它不仅是一个浏览工具，更是连接现实世界和虚拟世界的桥梁，为空间计算时代的到来做准备。

2．沉浸式媒体

沉浸式媒体正在改变人类消费和体验数字内容的方式。在空间计算设备上，通过 Web 在线观赏多样化的沉浸式媒体内容已成为用户的基本需求。这些媒体内容的形式突破了传统 2D 影像的局限，为用户带来了强烈的沉浸感和临场体验。

这些媒体内容在各大平台上都有广泛的资源。例如，YouTube 的官方 VR 频道已收录了 90 多个合集，包含一千多条优质的沉浸式视频。这些内容涵盖了自然纪录片、音乐会现场、虚拟旅游等多种主题。国内的视频分享平台，如哔哩哔哩，也有越来越多的创作者开始上传各类沉浸式视频，涵盖了游戏实况、虚拟偶像演唱会、全景旅游等多个领域。

超域浏览器的沉浸式媒体模块正是为满足这一需求而设计的。它不仅支持观看传统的 3D 电影，还兼容所有主流的沉浸式媒体。例如，常见的双目空间视频、双目 180° 视频、360° 全景视频等。用户可以自由切换不同的观看模式，根据内容类型和个人喜好选择最佳的体验方式。

值得一提的是，沉浸式媒体不仅仅是娱乐工具，它在教育、职业培训、医疗康复、虚拟旅游等领域展现出了巨大潜力。

- 教育：通过 360° 全景视频，学生可以一睹历史事件原貌或探索遥远的星球，显著增强学习体验。
- 职业培训：利用 VR 技术模拟高危或复杂的工作环境，为员工提供安全且高效的培训。
- 医疗康复：沉浸式体验被用于疼痛管理和心理治疗，帮助患者减轻痛苦，加速康复。
- 虚拟旅游：沉浸式媒体为“云游”世界提供了可能。

然而，沉浸式媒体的发展面临着一些挑战。首先是内容制作的成本和技术门槛较高，需要专业的 360° 摄像设备和后期处理技术。其次是文件大小和带宽要求远超传统媒体，对存储和传输提出了更高的要求。此外，长时间使用沉浸式媒体可能会导致眩晕等症状，这需要在内容设计和硬件优化方面不断改进。

尽管如此，随着 5G 网络的普及和空间计算设备的发展，沉浸式媒体的未来仍然充满希望。超域浏览器作为新一代的 Web 基础设施，将继续优化和拓展其沉浸式媒体模块，为用户带来更加丰富、真实的数字体验。在不久的将来，沉浸式媒体将成为人类日常生活中不可或缺的一部分，彻底改变人类获取信息、娱乐和交流的方式。

3. WebXR 标准

WebXR 标准允许用户通过浏览器快速进入沉浸式的 AR 和 VR 空间，无须安装额外的应用。这种便捷性极大地降低了用户体验 XR 内容的门槛，为 XR 技术的普及扫除了障碍。

WebXR 标准的工作原理是通过 JavaScript API 为 Web 应用提供访问 VR 设备和 AR 设备的能力。它能够检测用户的设备类型，并根据设备的特性提供相应的实现方式。例如，在 VR 模式下，WebXR 标准可以渲染立体 3D 图像；在 AR 模式下，WebXR 标准可以将虚拟信息叠加到现实世界中。

WebXR 技术的应用范围极其广泛，几乎涵盖了所有可以想象的领域。

- 市场营销领域：品牌可以创建交互式的 3D 产品展示，让消费者在购买前全方位了解产品。
- 游戏领域：开发者可以设计基于 Web 的 AR/VR 游戏，无须用户下载大型应用。
- 教育领域：虚拟实验室和交互式 3D 模型可以大大提高学生的学习效率。例如，学生可以通过 WebXR 应用探索人体解剖结构或行星系统。
- 医疗领域：医生可以使用 WebXR 应用进行远程诊断或手术规划，患者也可以通过 AR 设备进行康复训练。
- 文博领域：博物馆可以创建虚拟展览，让世界各地的观众都能观赏珍贵文物。
- 建筑和设计领域：建筑师和室内设计师可以通过 WebXR 应用向客户展示 3D 设计方案，并进行实时修改。

- 远程协作领域：团队可以在虚拟空间中进行会议和协作，大大提高了工作效率。

WebXR 标准的一个重要优势是跨平台性和热更新能力。开发者只需编写一次代码，就可以在各种支持 WebXR 标准的设备上运行，包括桌面电脑、智能手机、AR 眼镜和 VR 头显。同时，由于 WebXR 应用是基于 Web 的，内容更新可以即时推送，因此用户访问到的总是最新版本的应用，无须手动更新。

在实际应用案例中，Rokid 与天津国际学校的合作项目充分展示了 WebXR 标准在教育方面的潜力。他们使用名为 Flow Immersive 的 WebXR 应用，通过 3D 可视化的形式帮助学生直观地理解复杂的数据概念。这种交互式的学习方式不仅提高了学生的兴趣，还加深了他们对知识的理解和记忆程度。

超域浏览器作为新一代 Web 基础设施，已经支持大部分 WebXR 标准，为用户提供了丰富的沉浸式体验。随着硬件性能的提升和算法的进步，更多的高级功能也将陆续推出。

- 平面识别：能够识别现实环境中的平面，如桌面、墙壁等，为 AR 内容提供更精确的位置。
- 空间锚点：允许 AR 内容固定在现实环境的特定位置，即使用户移动视角，AR 内容也能保持稳定。
- 光照估计：分析现实环境的光照条件，使虚拟信息的阴影和反射更加真实，提升 AR 体验的真实感。

WebXR 标准的一个重要特性是灵活多样的输入方式，这极大地提升了用户与虚拟环境交互的自然度和沉浸感。超域浏览器在这方面做出了积极的尝试，目前主要支持两种 XR 输入源。

- 3DOF 控制器：3DOF 控制器能够追踪用户手部的旋转角度和方向，支持 pitch（俯仰）、yaw（偏航）和 roll（翻滚）3 个维度的动作。这种输入方式适用于多种场景，如指向、选择和简单的操作任务。3DOF 控制器的优势在于精确性和可靠性，适用于需要精确控制的应用，如虚拟画笔或 3D 建模工具。

- 手部追踪：手部追踪技术允许用户直接用手与虚拟环境交互，无须借助额外的控制器。这种方式更加直观、自然，能够实现更复杂的手势操作，如抓取、推动或手指的精细动作。手部追踪技术的应用大大提升了用户体验，使得虚拟交互更接近现实世界的操作方式。

这两种输入方式的结合为开发者丰富交互设计提供了可能，满足了不同类型应用的需求。

WebXR 标准的开发生态正在蓬勃发展，各环节的基础设施都日趋完善。

- 开发框架：如 Three.js、A-Frame、Babylon.js 等，为开发者提供了强大的 3D 渲染工具和场景构建工具。
- 内容创作工具：如 Blender 和 Unity（配合 WebXR 应用导出插件）等，使艺术家和设计师能够轻松创建 WebXR 应用兼容的 3D 资产。
- 测试和调试工具：如 WebXR Emulator Extension，允许开发者在普通浏览器中模拟和测试 WebXR 应用。
- 云服务：如 Amazon Sumerian、Google Cloud AR/VR 等，提供了便捷的 WebXR 应用托管和分发解决方案。
- 社区支持：活跃的开发者社区提供了大量的教程、示例和开源项目（见图 5-10），加速了 WebXR 标准的普及和创新。

开发框架

React Three Fiber Documentation

A-Frame – Make WebVR

Babylon.js: Powerful, Beautiful, Simple, Open - Web-Based 3D At Its Best

GitHub - coconut-xr/getting-started: Getting started with the coconut-xr ecosystem

游戏引擎

Polygonjs: WebGL Design & Animation Tool

PlayCanvas - The Web Graphics Creation Platform

Wonderland Engine | Wonderland Engine

Captivate with Social and Immersive Web | Ethereal Engine

Rogue Engine

Unity Real-Time Development Platform | 3D, 2D, VR & AR Engine

图 5-10　开发者社区

WebXR 标准完善的生态系统不仅降低了开发门槛，还大大提高了开发效率，催生了许多有趣的应用和游戏。其中，WebXR 游戏平台 HeyVR.io 的出现尤为引人注目。作为专注于 WebXR 内容的平台，HeyVR.io 目前已经收录了一百多款游戏，涵盖了多种类型。

- 射击游戏：利用空间感知能力，玩家可以在虚拟环境中自由移动和瞄准。
- 解谜游戏：通过手势交互，玩家可以操控虚拟物体，解开复杂的谜题。
- 模拟游戏：从飞行模拟到烹饪模拟，WebXR 标准为这类游戏带来了前所未有的沉浸体验。
- 教育类游戏：结合 AR 技术，这些游戏可以将学习内容与现实环境相结合，提供互动式的学习环境。
- 社交游戏：利用 WebXR 应用的多人互动功能，玩家可以在虚拟空间中与朋友一起玩游戏和交流。

HeyVR.io 的成功不仅展示了 WebXR 标准的潜力，还为开发者提供了一个展示和分享作品的平台。这种专注于 WebXR 内容的平台的出现，标志着 WebXR 生态系统正在走向成熟。

随着技术的不断进步和生态的持续完善，WebXR 标准将在更多领域内发挥独特优势。从教育领域到医疗领域，从娱乐领域到工业设计领域，WebXR 标准正在重塑人类与数字世界交互的方式。超域浏览器作为这一技术革命的重要载体，将持续优化和拓展其对 WebXR 标准的支持，为用户带来更加丰富、自然和沉浸的空间计算体验。

4．技术架构与优化

超域浏览器的组成结构可以分为 3 个主要层次：UI 层、中间层和浏览器内核。

1）UI 层

- 用户界面：负责呈现浏览器的可视化部分，包括地址栏、标签页、菜单等元素。
- 用户界面后端：负责处理用户交互，将用户操作转换为相应的浏览器行为。

2）中间层

- 浏览器引擎：负责协调 UI 层和浏览器内核之间的通信，管理浏览会话和导航。
- 网络组件：负责处理网络请求和响应，实现 HTTP/HTTPS，管理缓存和 Cookie。
- 数据存储：负责管理书签、历史记录、密码等用户数据的存储和检索。

3）浏览器内核

- 渲染引擎：负责解析 HTML 和 CSS，构建 DOM 树和渲染树，进行页面布局和绘制。
- JS 解释器：负责执行 JavaScript 代码，处理动态内容和交互逻辑。

超域浏览器所面临的一个主要技术挑战是，YodaOS-Master 基于 Unity 渲染引擎构建，这在渲染 2D 应用界面时会引入额外的环节，导致性能损耗。为解决这个问题，超域浏览器采取了一系列流水线优化措施。

- 异步栅格化：在安卓层中使用多线程进行栅格化，减少主线程阻塞。
- 图层合并：在可能的情况下，合并相邻图层，减少 Unity 层需要处理的纹理数量。
- 纹理压缩：使用高效的纹理压缩算法，减少内存占用和传输开销。
- Shader 优化：开发专门的 Shader 程序，高效处理 2D UI 纹理，减轻 GPU 负担。
- 缓存机制：对静态 UI 元素进行缓存，避免重复渲染。

当用户进入不同的沉浸模式（如沉浸式媒体和 WebXR 应用）时，超域浏览器会采用不同的渲染策略。

- Gecko 内核直接输出纹理：跳过安卓层的栅格化过程，直接生成适用于 3D 环境的纹理数据。
- 通过 GLES（OpenGL ES）绘制：利用 GLES 的硬件加速能力，直接在 GPU 上进行绘制。

- 依赖 OpenXR 标准：使用 OpenXR 标准 API，确保与各种 XR 硬件的兼容性，并优化渲染性能。

这种方法的优势在于以下几个方面。

- 减少了渲染管线的复杂度，直接从 Gecko 到 3D 环境，降低了延迟。
- 充分利用了 GPU 的并行处理能力，提高了渲染效率。
- 通过 OpenXR 标准实现了硬件无关性，使得同一套代码可以在不同的 XR 设备上运行。

为了进一步优化沉浸模式的性能，超域浏览器还采取了以下措施。

- 视线追踪优化：利用 XR 设备的视线追踪功能，对用户当前视野范围内的内容进行高质量渲染。
- 动态分辨率缩放：根据设备性能和场景复杂度，动态调整渲染分辨率，平衡质量和性能。
- 异步时间扭曲：使用最新的头部姿态数据调整已渲染的帧，降低延迟。
- 多视图渲染：在单个渲染通道中同时生成左右眼视图，减少 GPU 的工作量。

通过这些优化措施，超域浏览器在 YodaOS-Master 上实现了高效的 2D 内容和 3D 内容渲染，为用户提供了流畅的浏览体验和沉浸式的 XR 体验。随着硬件设施和软件技术的不断进步，超域浏览器团队将持续优化渲染流水线，探索新的性能提升方法，以适应未来更复杂和多样化的空间计算场景。

5.4.2　产品用户体验与优化

用户体验是一个全面的概念，它涵盖了用户在整个使用过程中的所有感受。本节将以 YodaOS-Master 为例，从用户体验概述、Rokid 产品的设计理念、与 XR 体验有关的人眼生理特征、信息架构与布局、交互设计、视觉设计、空间音频设计、用户反馈与产品优化等方面来展开叙述。

5.4.2.1 用户体验概述

用户体验（User Experience，UX）是指用户在使用产品的过程中形成的感觉和反应。这些感觉和反应主要来源于产品的可用性、易用性、功能性、一致性、效率、满意度、美学性、个性化等方面。良好的用户体验可以让用户在使用产品的过程中感到愉悦，产生分享该产品的欲望，这时，该产品就达到或超越了用户的预期。

1．可用性

可用性是指产品是否操作流畅，是否有因非特殊交互操作而导致的卡顿、黑屏、死机、无响应等情况。

2．易用性

易用性是指产品是否易于操作，学习成本是否较低。产品就像一本书，用户使用的过程就是和产品沟通的过程。产品的易用性便于让用户了解产品的使用方式。

3．功能性

功能性是指产品是否提供了用户需要的基础功能、扩展功能和特色功能。

4．一致性

一致性是指产品在不同部分和不同时间的表现是否一致。一致性包含交互逻辑一致性和系统运行一致性。

- 交互逻辑一致性：在不同的界面中，交互逻辑保持一致。例如，系统通知的位置、形式是否在各个界面中保持一致。
- 系统运行一致性：在不同的使用环境中，系统运行保持一致。例如，在长时间使用导致产品发热时，系统是否保持流畅运行。

5．效率

效率是指用户完成任务的速度和简便性。

6．满意度

满意度是指用户在使用产品后的满意程度，是否符合预期或超出期待。

7. 美学性

美学性是指产品的外观与界面设计是否具有视觉吸引力。

8. 个性化

个性化是指产品是否能够根据用户的个人喜好和习惯进行调整。例如，YodaOS-Master 提供射线和触摸板滑动两种交互方式。

用户体验还可能受社会文化、环境、用户特征等多种因素的影响。在优化用户体验前，需要对用户进行深入调查，了解用户的需求、期望、喜好及其使用过程中可能遇到的问题，并基于调查结果进行产品设计和改进。

5.4.2.2 Rokid 产品的设计理念

Rokid 产品的设计理念基于 4 个原则：以用户为中心、自然交互、创新体验和情感连接。

1. 以用户为中心

Rokid 产品是站在用户的角度开发的，将用户置于设计和决策过程的中心，分析用户行为，考虑用户的使用场景，理解用户的需求期望。

2. 自然交互

使用先进前沿的技术和算法，打造最简单、自然的交互动作，进而打破使用门槛，确保用户无须学习复杂的操作流程即可快速使用。

3. 创新体验

基于以用户为中心和自然交互的前提条件，对用户已有的使用体验进行优化迭代或创造新的功能场景，填补用户需求的空缺。

4. 情感连接

通过设计产品与用户的交互环节，使用户在使用过程中感到愉悦和满意，以产生对产品和品牌的认同感，激发其分享和推荐产品的欲望，从而建立情感连接。

5.4.2.3 与 XR 体验有关的人眼生理特征

1. 人眼的可视范围

虽然人眼的可视范围（见图 5-11）很大，但文字或符号的阅读范围是比较集中的。因此，为保证人眼阅读的舒适性，可将需要阅读的内容尽量排布在人眼可视范围的中间区域（左右侧各 30°、上侧 25°、下侧 30°的区域），在维持固有的从上到下、从左到右的阅读顺序的基础上，尽量遵循信息按重要程度从中间向两边排布的原则。

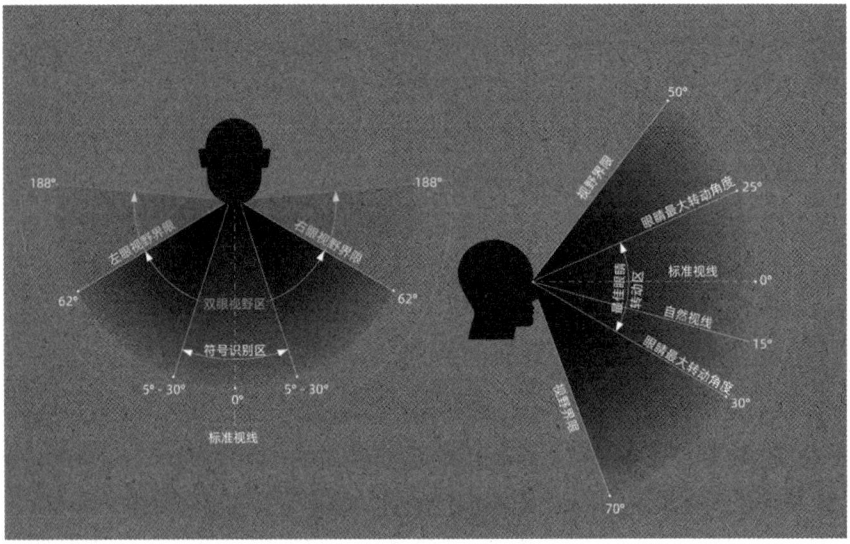

图 5-11 人眼的可视范围

2. 辐辏调节冲突

辐辏（Vergence）是指通过眼球旋转使图像在不同距离上汇聚起来，帮助用户感知物体深度。调焦（Accommodation）是指在注视物体时，眼部肌肉牵引晶状体拉伸或放松，使光线聚焦到视网膜上。在现实环境中，在注视距离近的物体时，眼球转动幅度较大，同时聚焦也相对用力；反之，则眼球转动幅度较小，聚焦相对较轻。大脑已经习惯了辐辏和调焦在远近距离上的匹配关系。但在 XR 环境中，用户总是会通过双眼的辐辏来获得不同深度的物体图像，但屏幕的发光点位置不变，调焦深度也不变，因此在辐辏深度和调焦深度存在冲突时，两种提示间的自然联系会被打破，从而导致视觉画面上的不适，造成辐辏调节冲突（Vergence-Accommodation Conflict，VAC）（见图 5-12）。

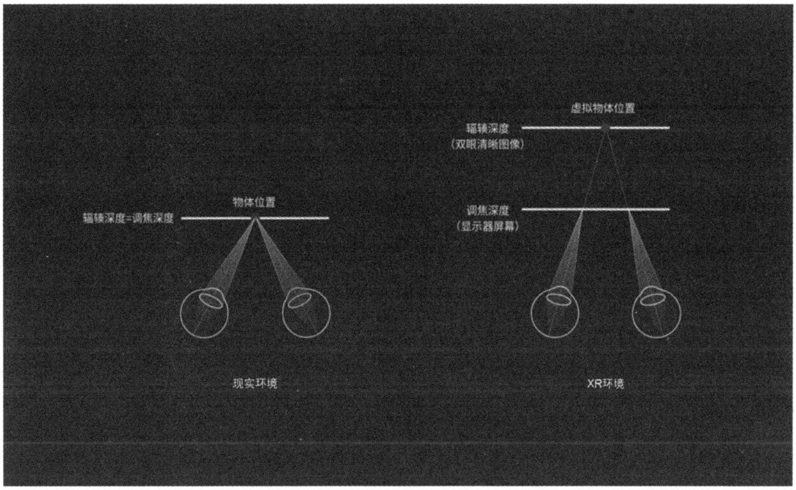

图 5-12　辐辏调节冲突

当虚拟物体与用户的距离为 2m 时，冲突最小，观看体验最为舒适。当虚拟物体与用户的距离小于 1 米时，辐辏调节冲突引起不适的概率将呈指数增长（见图 5-13）。当虚拟物体与用户的距离过远时，也会引起眼部不适，但不太明显。所以当设计虚拟物体在深度上的布局时，应尽量避免辐辏调节冲突引起不适的问题。

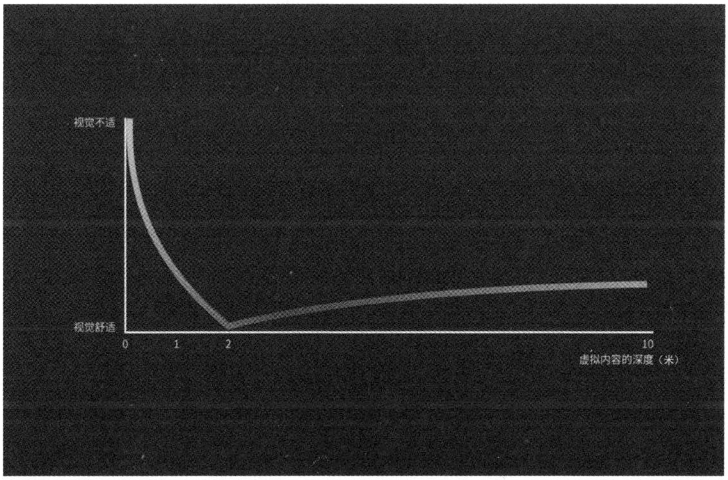

图 5-13　辐辏调节冲突随成像距离而变化

5.4.2.4 信息架构与布局

信息架构（Information Architecture，IA）是一种用于组织数字信息和编写产品功能框架的方法，信息架构的目标是创建一个直观、易用的系统，帮助用户在复杂的信息环境中找到所需的信息/功能，并完成任务。信息架构通常包括导航框架、内容分类和信息布局等部分。

常规图形用户界面（Graphic User Interface，GUI）通常是由多个页面连接而成的，而 YodaOS-Master 则是基于空间进行组织的，各个空间相互独立。YodaOS-Master 的第一个空间是桌面空间（Home），用户可以在其中打开多个常规 Android 2D 应用、3D 空间小程序，并进行多任务处理。同时，桌面空间中的导航栏是 AR 应用的入口，通过导航栏打开某个新的 AR 应用（AR App）后，新的应用会创造新的空间来取代当前空间（见图 5-14）。

图 5-14 桌面空间与 AR 应用的形式

桌面空间由导航栏、空间小程序、窗口（多屏/巨幕）组成，其中导航栏是所有信息的入口，因此被放置在距离用户较近的 1.4 米的位置，并跟随用户的头部转动，确保用户可以快速找到它。在多屏模式中，窗口以圆形的形式排列在距离用户 1.6 米的位置，用户相对于每个窗口的距离是一致的，可确保带来的阅读体验一致。单个窗口可以切换到巨幕模式，即窗口会变大并飞远到距离用户 8 米的位置，在此处模拟一块 300 寸的巨大屏幕以显示虚拟信息，从而提升阅读体验（见图 5-15）。而空间小程序可以被用户随意摆放在空间中，用以装饰空间。

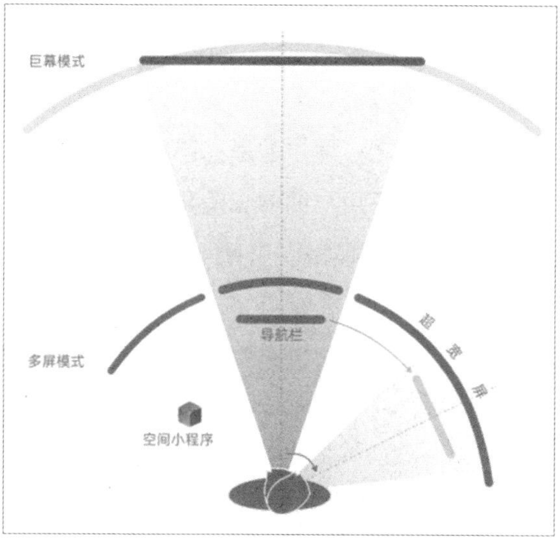

图 5-15　桌面空间的布局

5.4.2.5　交互设计

1．AR 眼镜的交互方式

- 手势：通过手势与系统交互，包括近场手势和远场手势。
- 射线：通过某种控制器发出一条射线，通过操作射线来与系统交互。
- 触摸板：通过触摸板控制鼠标与系统交互。
- 控制手柄：通过手柄上的按钮控制界面信息，这种交互方式多用于游戏。
- 语音：通过语音与系统进行交互，一般作为辅助交互使用。
- 头控：通过头部转动控制视线中心锚点与系统交互。

2．手势交互

1）手势交互原则

- 尽量做到无意识交互，要求行为自然，符合人类直觉。
- 注重手势的直观性和便捷性，减少记忆成本和学习成本。
- 参考人类与现实世界的互动，交互应符合人类的下意识行为。
- 通过充足的引导和反馈机制来建立用户的信心。

- 由于触觉反馈的缺失，因此手势交互需要充分利用视觉反馈和听觉反馈来弥补。
- 交互设备要符合人体工学，操作简单，佩戴舒适。
- 避免高抬手操作，要考虑用户的臂长差异等问题。

不同的臂长与近场的互动范围不同（见图 5-16），不同的抬手高度可维持的抬手时间也不同（见图 5-17）。

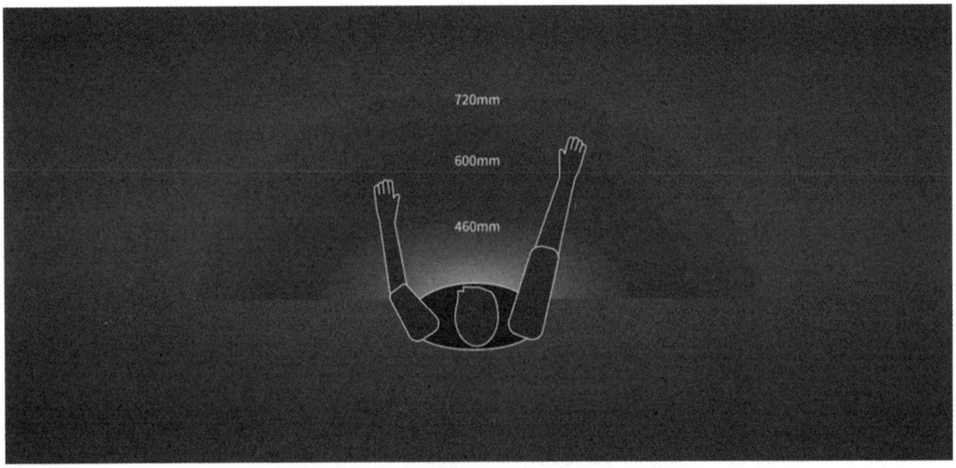

图 5-16　不同的臂长与近场的互动范围

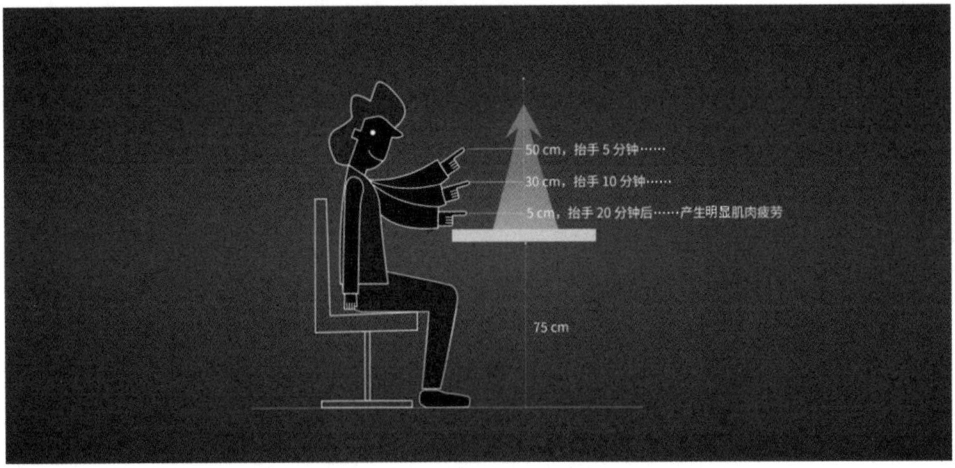

图 5-17　不同的抬手高度与可维持的抬手时间

2）近/远场手势简述

手势可以分为近场手势和远场手势。直接进行触碰互动的手势称为近场手势；而通过射线和锚点远距离操控的手势是远场手势。近场手势和远场手势的切换是通过手部与虚拟物体的距离来判定的，该值可以根据具体的使用场景调节，默认设置手部与虚拟物体的距离在-0.02m～0.04m 范围内是近场手势，超出该范围则为远场手势（见图 5-18）。

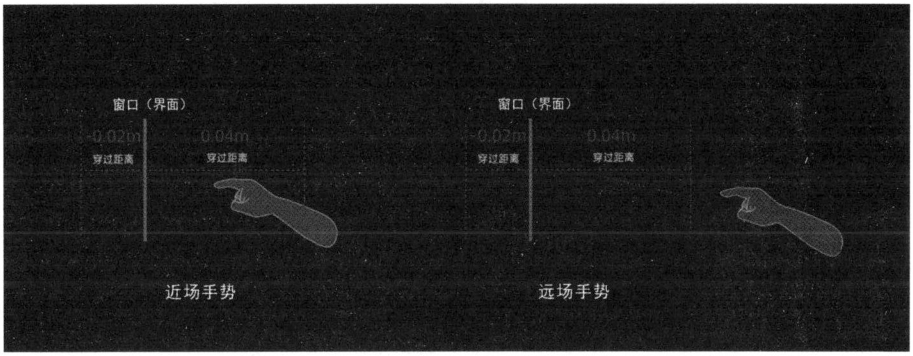

图 5-18　近场手势与远场手势

3）近场手势设计

（1）食指上的小灯。

经测试，若虚拟物体响应十根手指的触摸行为，则极易产生误触，影响使用体验。所以需要对其进行删减，使虚拟物体只响应食指的交互行为。因此，可以在食指上放置一盏小灯（见图 5-19），提示用户只有使用食指进行的交互才生效。

图 5-19　食指上的小灯

小灯会照亮靠近的虚拟物体，且光效会随着距离而变化（见图 5-20），以提示用户虚拟物体与自身间隔的距离。

图 5-20　光效随距离变化

（2）近场手势点击的 5 种状态。

近场手势点击有 5 种状态（见图 5-21），即默认、hover（手靠近）、触碰、按压和抬起（响应）。

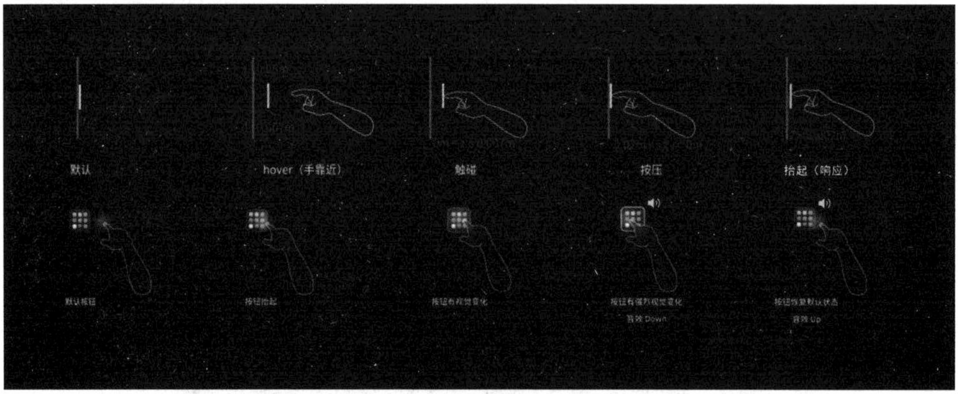

图 5-21　近场手势点击的 5 种状态

- 默认：默认状态。
- hover（手靠近）：当手靠近 UI 界面时，按钮向上弹起。
- 触碰：当手触碰到按钮时，按钮有视觉变化。
- 按压：当手将按钮按至最底部时，按钮会有强烈的视觉变化，且有声音反馈。

- 抬起（响应）：当手再次向上抬起时，按钮恢复默认状态，有完成点击的声音反馈。

注意：点击与滑动交互推荐使用相同的音效，但手指按下瞬间和抬起瞬间的声音反馈是不同的，这两个音效应该是一对的，可以由声音代替物理空间的触感。

使用近场手势点击时，手部 mesh 可以在 UI 面板上停住（见图 5-22）。

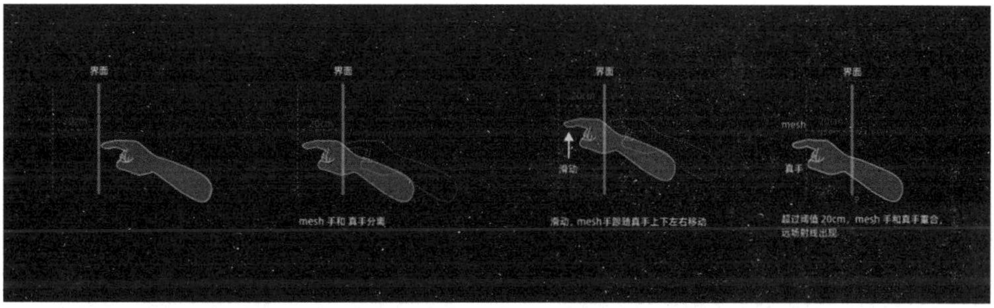

图 5-22　点击时手部 mesh 停在 UI 面板上

（3）物体互动。

物体互动有两种方案，即单/双手方案和包裹框方案（见图 5-23 和图 5-24）。

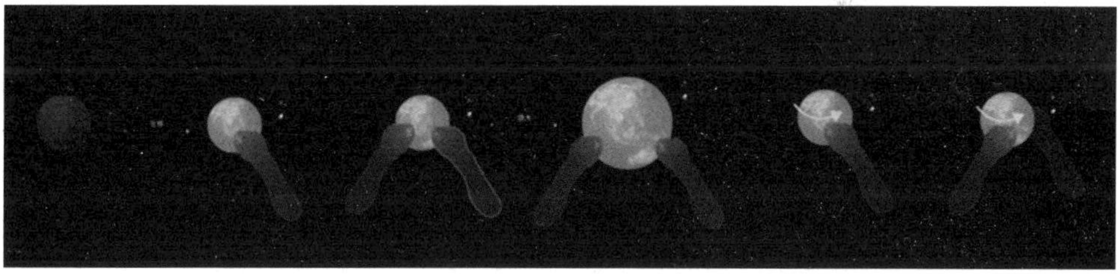

图 5-23　单/双手方案

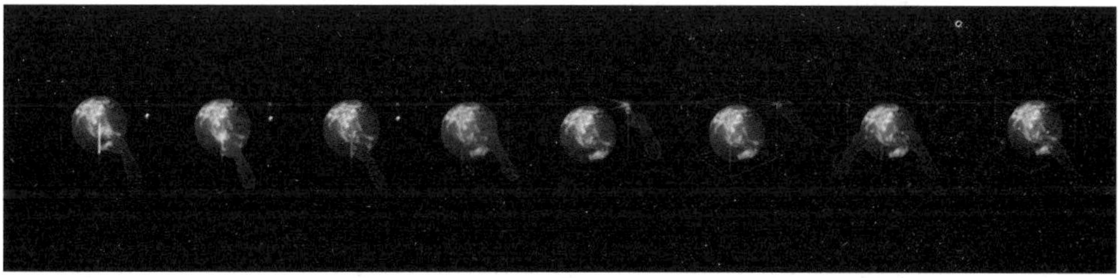

图 5-24　包裹框方案

4）远场手势设计

（1）射线。

系统的射线方向是从手肘向手掌方向发出的（见图 5-25），在小范围内受手掌旋转方向的影响。将射线发出点平移至手掌的虎口位置，在碰撞虚拟物体时则会产生射线锚点。此方案易于对放置在手肘以上的虚拟信息进行操作。在一些特殊场景中，可以调整射线的发射方向。例如，要想让操作射线在地面上画圈，可以将射线设计为从头部向手掌方向发出。

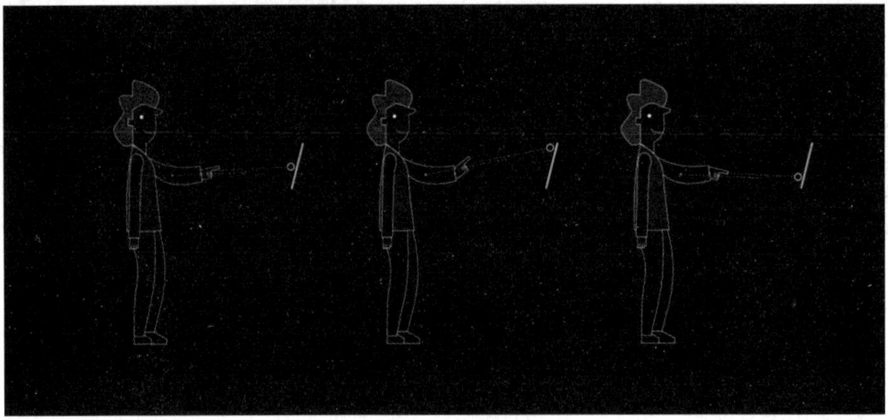

图 5-25　射线方向

（2）远场点击。

首先用手掌发出的射线选中目标物体，然后捏合食指与拇指即可完成远场点击操作（见图 5-26）。

图 5-26　远场点击

（3）手势检测区域。

手势检测区域通常比眼镜的显示区域大很多（见图 5-27），但用户无法明确地感知到手势检测范围。因此在设计时，需要注意两个方面的问题。

- 手部是否在检测区域内需要有明显的状态区分。当手部进入检测区域时，相应的手势射线会展示在显示区域内。例如，当使用远场手势时，手部一旦进入检测区域，上翘的射线会出现在显示区域中。
- 用户在交互过程中，手部移出检测区域需要有明确的反馈机制和处理逻辑。例如，在投篮游戏中，用户手部持球的范围超出检测区域，球就会掉落在地上。

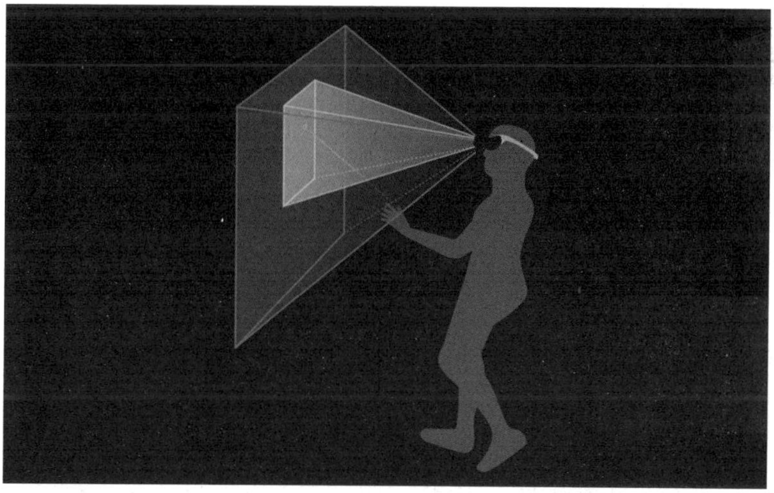

图 5-27　手势检测区域

3. 射线交互

Rokid Station Pro 或 Rokid Station 2 可以当作一个控制手柄，从顶端发出一条 3DOF 射线，用于与虚拟物体交互。用户可以通过转动 Station 来改变射线的方向，从而起到瞄准目标物体的作用，配合 Station 上的“确认”按钮或触摸板，即可进行点击、滑动等基础操作（见图 5-28）。

在某些状态下会出现射线偏移过大、射线丢失等情况，所以重置射线功能必不可少，系统设置的重置射线的方式是握住 Station 并向下快速甩动。

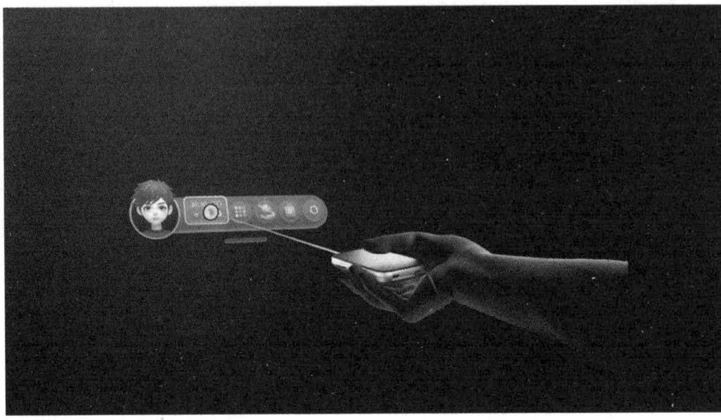

图 5-28　射线交互

4．触摸板交互

Rokid Station 2 自带一块触摸板，可用于实现触摸板交互。单指滑动可以移动光标，长按后移动可以拖动物体，双指滑动可以翻动页面，双指反方向滑动可以缩放页面（见图 5-29）。

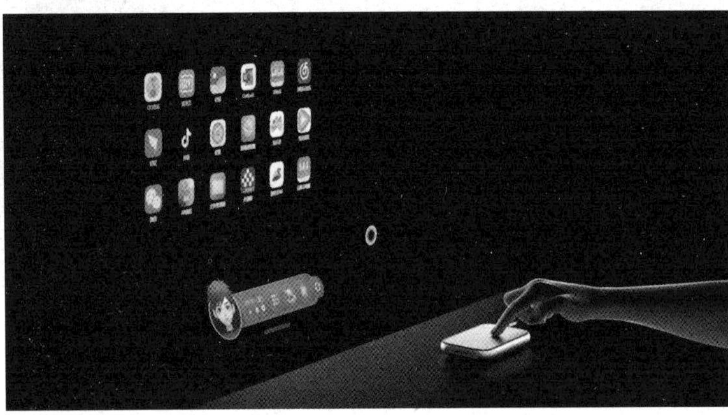

图 5-29　触摸板交互

5.4.2.6　视觉设计

1．颜色和亮度

不同于传统触摸屏的 GUI 设计模式，AR 近眼显示为现实基础上的虚拟信息，因此在设计时需要考虑用户、虚拟 UI 与真实视野之间的关系，尤其需要在颜色上进行处理（见图 5-30）。

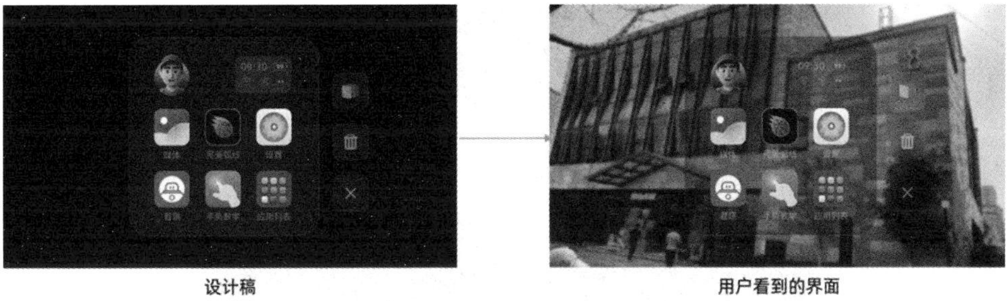

图 5-30　颜色处理

- 黑色即透明：光学关系规定，黑色在 AR 世界中代表不发光，人眼成像下不发光的元素是看不见的，即透明的，因此要善于利用黑色留白。
- 白色即强光：光学关系规定，白色在 AR 世界中代表最强光，人眼成像下强光显示为白色，因此要避免大面积的白色页面。

注意：在某些场景中，必须将虚拟物体放置在距离用户较近的位置（例如，放置在距离用户 0.5m 的范围内，保证手部能够触碰虚拟物体）。当画面过暗或过于重复时，有可能会出现双眼不能聚焦的问题（见图 5-31）。此时，可以适当调节亮度，确保虚拟物体与所处环境的亮度相差较小。

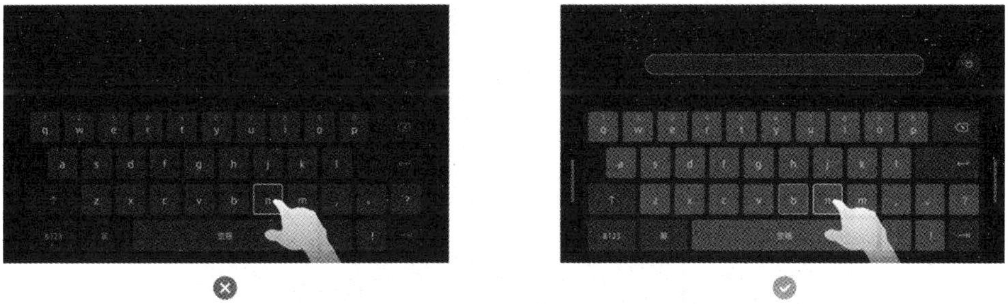

图 5-31　双眼不能聚焦

2. 字体大小

二维信息在三维世界中遵循近大远小的原则（见图 5-32），在不同的观看距离下，字号的大小是不一致的，但是其与人眼的夹角是一个绝对值。经测试，Rokid 眼镜的文字最小纵向夹角是 0.33°，对应到图 5-33 中是“补充说明”，字号为 20px 。

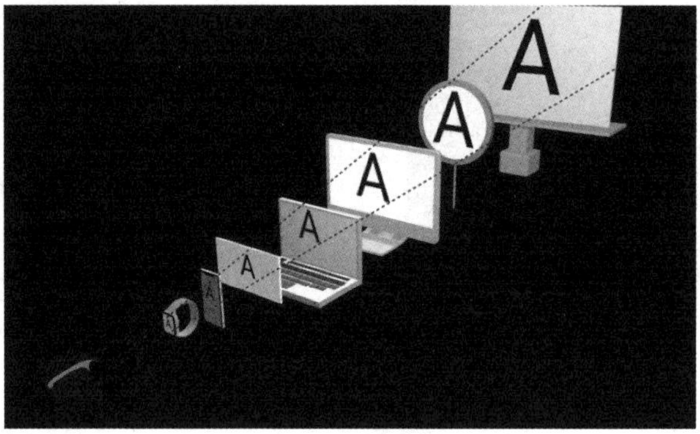

图 5-32　远大近小的原则

在通常情况下，只需要确定虚拟界面上的文字或 icon 与用户间的距离即可测试确定最小字号和最小 icon。可以参考图 5-33 给出的字号，根据距离和实际效果进行调整。

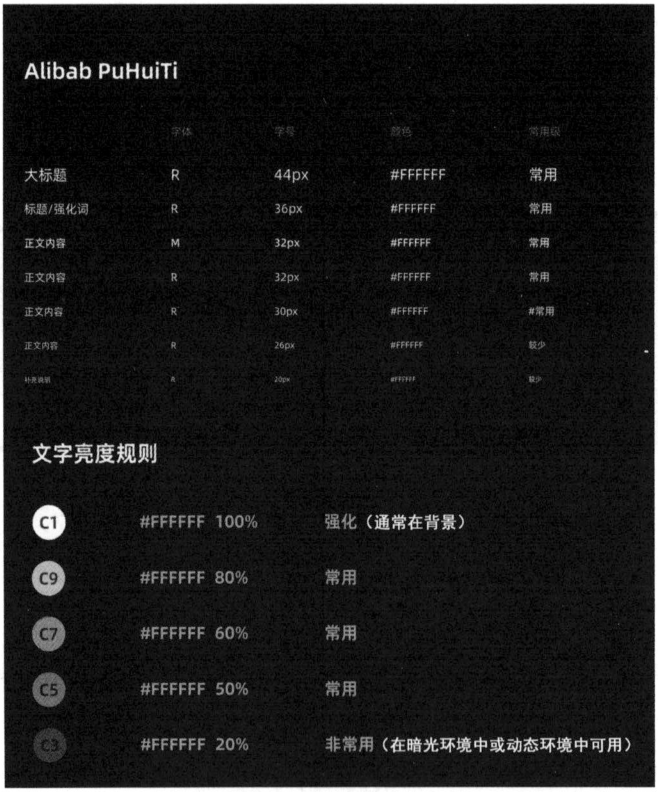

图 5-33　推荐字号

注意：

- 在一些特别的场景中，可以将文字或 icon 设定为无论距离多远、字号大小是否相同，显示效果都是固定的。
- 二维信息在三维空间中有朝向问题，根据场景，可以将其设定为永远朝向用户。
- Unity 的实现方式不同，会影响字体清晰度，缩放也会影响字体大小。

3. 热区大小

经测试，远场手势 icon 的最小热区是 2.7° × 2.5° ，即 130px×120px，（见图 5-34）。

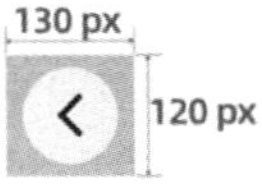

图 5-34　最小热区

4. 空间布局

1）*Z* 轴布局

经测试，三维空间中的内容放置在距离用户 5m 的范围内是最好的（见图 5-35），可以根据使用场景或交互方式调整位置。

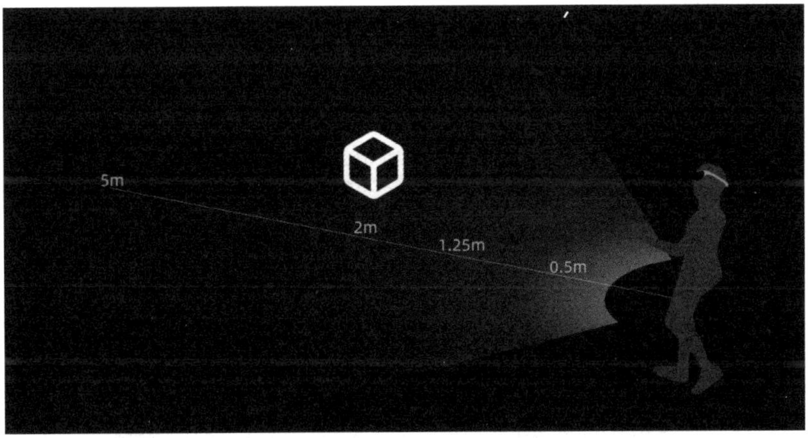

图 5-35　*Z* 轴布局

采用近场手势交互的内容，需要放置在距离用户 0.5m 的范围内（建议放置在 0.4m～0.5m 的范围内），以便手部触碰和互动。但考虑到辐辏调节冲突问题，尽量不要将内容放置在距离 Rokid 眼镜很近的位置。

远场手势或射线操作的内容，建议放置在距离用户 1m 的范围外，可根据使用场景调节位置。例如，观影时使用的是远距离大屏，办公室中使用的是近距离多屏。

2）空间信息层级

将不同信息内容分层并放置在不同的深度距离上，以形成空间信息层级，图 5-36 所示为以 YodaOS-Master 首页为例做出的信息分层。

注意：Z 轴上靠近用户的信息层要有相对应的出现和收起逻辑，否则容易产生遮挡，阻碍用户交互后方内容。

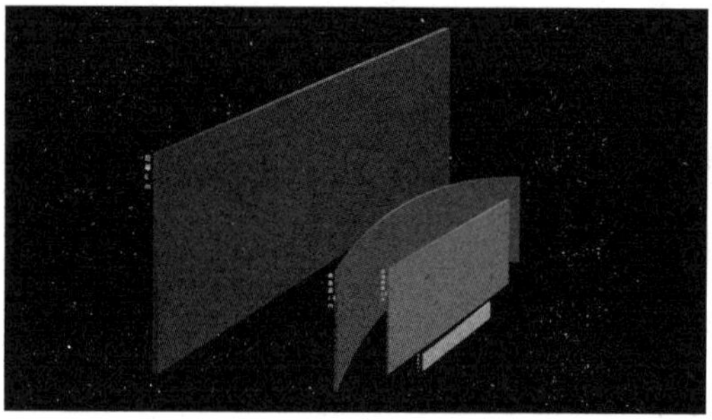

图 5-36　空间信息层级

3）新信息出现的位置

新信息，如窗口、toast、模型等，需要先出现在 Rokid 眼镜的显示范围内（通常推荐 FOV 中心），给用户以最直接的视觉反馈（见图 5-37）。

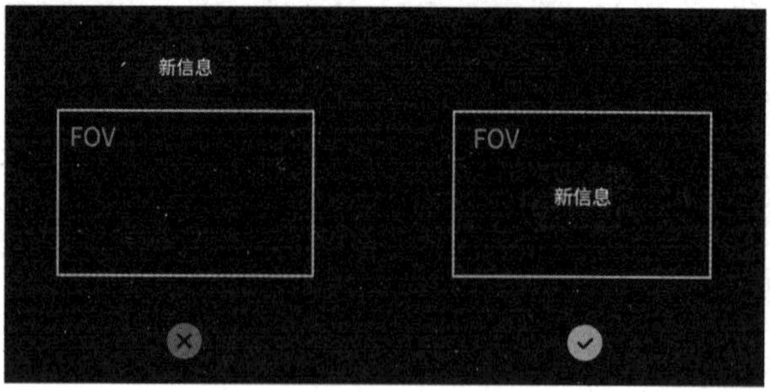

图 5-37　新信息出现的位置

注意：在检测到用户低头进行操作时，可以在一定程度上将新打开的窗口向上移动，引导用户回到头部感到舒适的阅读角度（见图 5-38）。窗口始终保持与用户的视线中心垂直。

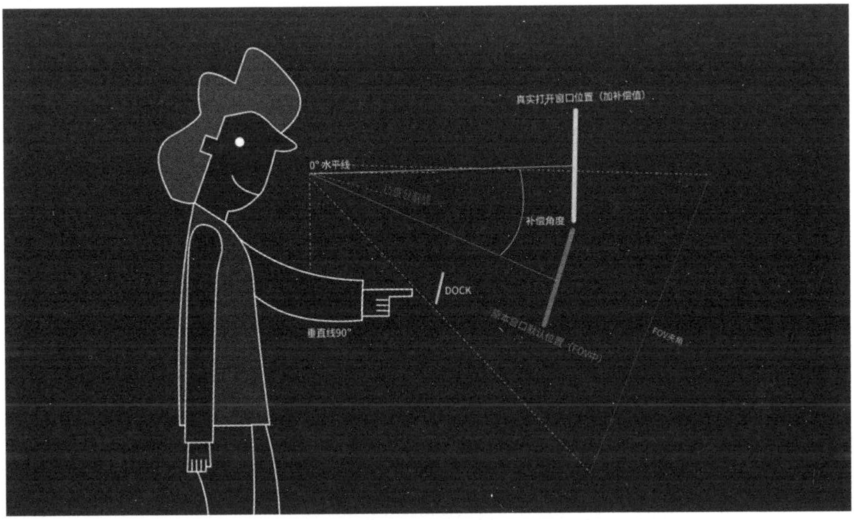

图 5-38　窗口上移

窗口、toast 等在 Z 轴深度上需要靠近用户当前观看的内容，否则视线无法聚焦，从而导致阅读体验不佳（见图 5-39）。

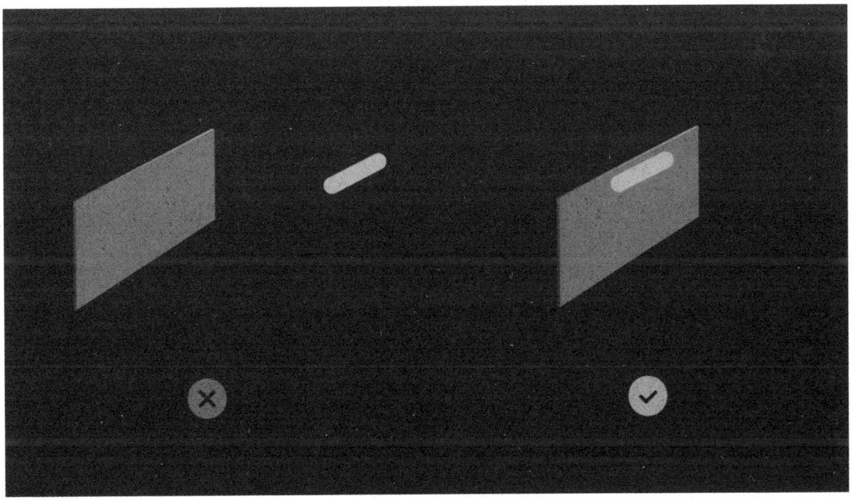

图 5-39　连续阅读的内容需要靠近用户当前观看的内容

5．3D 空间内 UI 的几种不同展示效果

3D 空间内的 UI 展示具有较高的灵活度，以下是部分模式及其示例与应用场景，如表 5-1 所示。

表 5-1　3D 空间内 UI 的几种不同展示效果

模式	示例	应用场景
0DOF 悬屏模式	虚拟信息完全贴合在 Rokid 眼镜上显示 	适用于导航、翻译等以显示环境为主、辅助信息为辅的场景，包括全屏、部分位置悬屏等情况，被定义为“信息提示类应用”，同时包括系统通知信息等内容的显示。 注意： • 请谨慎使用此模式，会遮挡用户视线。 • 不要将可互动内容（如按钮）设置为此模式，体验感不佳
0DOF+ 模式（防抖模式）	在一定角度内可呈现 3DOF 模式的效果，可移动范围较大，画面会继续跟随视野移动，可解决特定场景下画面固定、视野抖动而引发的问题	适用于独占式的观影、游戏类等应用
3DOF 模式	空间 UI 始终处于以人为中心的相对距离、固定角度，画面随用户视野移动 	3DOF 模式是具备一定广泛适用性的空间展现形式。适用于需要长时间跟随用户视野移动的应用，如办公页面
3DOF 跟随模式	在小范围内移动的为 3DOF 模式，在较大范围内移动的为跟随模式，此处为语雀视频卡片，可扫码观看 	适用于需要强制用户看到并操作的页面，如控制栏、窗口

续表

模式	示例	应用场景
6DOF 跟随模式	在小范围内移动的为 6DOF 模式，在较大范围内移动的为跟随模式 此处为语雀视频卡片，可扫码观看 扫一扫 微课：	适用于需要强制用户看到并操作的页面，如控制栏、窗口、引导教学等。 推荐与近场手势搭配使用（能够解决不同臂长的用户，使用近场手势点击时的舒适性问题）
6DOF 模式	固定在真实空间位置 	6DOF 模式是具备一定广泛适用性的空间展现形式，适用于强虚实结合的场景

6．3D 美术设计

- 尽量避免全黑的人物或场景设计，黑色即透明（见图 5-40）。

图 5-40　黑白问题

- 基于 AR 虚实结合的概念，同时考虑显示视场角的限制，推荐采用小场景设计，不使用 Skybox 等完全遮挡现实世界的表现手法；或者采用以黑色为主的 Skybox，如星空（见图 5-41）。

图 5-41　3D 美术设计

- 在一定要使用大场景设计的情况下，可以考虑在显示视场角边缘添加黑色过渡（见图 5-42）。

图 5-42　在显示视场角边缘添加黑色过渡

- 为了保证设备性能，同时渲染的场景模型总面数不可以高于 30W 面（见图 5-43）。

5.4.2.7　空间音频设计

Rokid 眼镜支持空间音频，可以将音频文件放置在空间中的某个固定位置上，或者绑定在空间中的某个 3D 物体上，这样用户就可以直观地判断声音在空间中的方位（见图 5-44）。例如，在恐龙场景中，可以在恐龙的嘴上绑定“恐龙叫声”音频文件，在恐龙的脚上绑定“走路”音频文件，这样用户就可以真实感受到恐龙由远及近的效果。适当应用三维空间音效可以带来极好的沉浸效果，是提高体验设计的好助力。

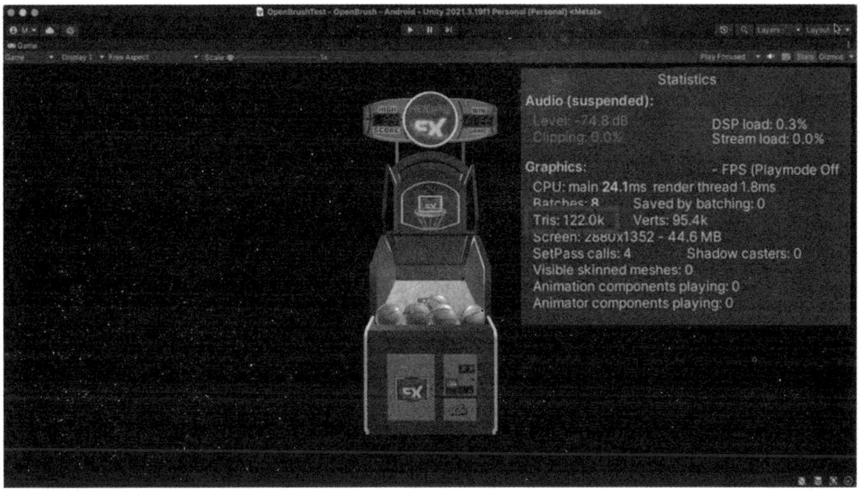

图 5-43　场景模型总面数

图 5-44　空间音频

5.4.2.8　用户反馈与产品优化

用户反馈是提升用户体验、优化产品、及时调整产品发展策略的重要工具。产品成功的关键不仅在于初始设计和功能，更在于如何根据用户的反馈进行持续优化和改进。用户反馈和产品优化是推动产品发展的两个重要因素，它们相互作用，共同促进产品的成熟与完善。有效的用户反馈可以快速定位当前产品的问题，推动功能的持续创新。

1. 有效的用户反馈

那什么是有效的用户反馈呢？在收集用户反馈时常常存在个人偏差，因为这些反馈可能只代表某一类用户群体的观点。此外，团队对反馈的理解和分析可能也存在主观性。因此，有效的用户反馈常常建立在一套高效的反馈流程机制上，这种流程机制往往包括两个方面。

1）分类的反馈渠道

不同用户提出的反馈意见对产品的优化价值不同。例如，核心用户群体对于产品的了解更多、使用时长更长、使用产品的深度更深，对于行业和竞品了解得更详细。这类用户群体的反馈意见往往相对价值更高。他们一般在产品对应的社区、微信群等平台聚集，与产品团队的交流相对直接、密集。但普通消费用户往往是与客服对接的，沟通交流的内容以产品使用过程中出现的问题居多。这类用户群体的反馈意见，会通过客服与产品团队沟通，在解决一些可用性、易用性的问题上有较高的价值。

2）定期团队反馈分析

定期团队反馈分析包含了 3 个要素：定期、团队、分析。定期指的是在有规律的周期内通过不同渠道获取反馈信息，并进行分析、拆解，甚至二次沟通。例如，产品团队一般是一周一次或一周几次，定期与客服进行沟通交流，获取大量的用户问题，同时将优化方案同步更新给客服；团队指的是为减少因个人对反馈信息理解的主观性而得出不恰当的分析结论的问题，从而引入多个同职位的同事来组成反馈信息分析团队，从多个视角拆解用户的反馈信息；分析指的是对反馈信息的理解，从中找出设计问题和解决策略，从而得出产品优化的侧重点或迭代方向。

2. 用户反馈分析

一般在收集到用户的反馈信息后，首先要做的是数据清洗。所谓数据清洗，就是将收集到的反馈内容进行分类、去重、筛选、打标签。分类一般从可用性、易用性、功能性、一致性、效率、情绪性、“无效”等维度出发，之后将相同的问题去重并标记频率，最后根据严重性、紧急性和发生概率进行优先级排序。

接下来对已经过数据清洗的反馈信息进行数据分析，一般分为定性分析和定量分析。

1）定性分析

定性分析主要深入理解用户的具体言论和背后的含义、情感，进一步将反馈信息归类为不同的主题或问题，找到其中的共性特点与典型特点，最后针对具体的案例进行深入分析。在分析过程中，识别常见问题和出现频率较高的意见，并从中抽象出产品功能的迭代方向。

2）定量分析

定量分析主要使用图表统计的方法反馈结果的集中趋势和分布。在产品发行初期，用户反馈的信息往往较多。使用图表展示分析结果，如柱状图、饼图、热力图等，比较容易看出反馈信息在不同版本的产品中的分布情况。根据多个版本中反馈信息的分布情况，总结反馈信息随版本升级的变化趋势。

根据反馈信息分析结果，并结合反馈信息内用户群体的分类，可以得出不同类型的用户群体的趋势反馈。例如，使用产品频率高的用户群体会有系统卡顿问题，新手用户会有对操作方式不清楚的问题。

3. 产品改进优化

基于反馈信息分析结果，制订一个详细的产品改进方案和计划。产品改进方案通常包括产品需求变更、技术问题修复、测试用例优化、产品需求规划。产品改进计划主要是由产品团队拆解改进方案得到对应的任务包，并通过评估任务包之间的关联关系和任务包的完成时间，形成一个或几个阶段的产品版本的项目计划。

当一个产品改进计划完成后，产品团队需要关注这个版本对应的用户反馈情况，包括之前反馈内容的变化趋势及新的反馈信息，总结该版本是否可以解决用户的问题，以及是否产生新的问题。总结完成后，进入下一个周期的产品改进计划。

产品优化是一个持续的过程，持续进行反馈获取、反馈分析、产品优化的循环，是提升用户体验的必经之路。

5.4.3 Rokid 开发者工具包

经过之前的学习，相信大家对 XR 空间计算操作系统的特点和能力已经有了一个明确的认识，要想将这些能力充分利用起来，开发各种空间计算的应用和游戏，就不得不使用配套的软件开发工具包（Software Development Kit，SDK）。在开发空间计算应用和游戏时，SDK 是非常重要的。因为 SDK 提供了一系列工具和接口，可以帮助开发者有效创建和优化应用，大大降低了开发门槛，提高了开发效率。

- 抽象化设备能力：XR 空间计算操作系统具有很多异常复杂的能力，如空间定位、手势识别、平面识别、空间锚点、立体渲染等，通常需要具备一定的数学能力和计算机图形学知识，才能理解这些算法能力的实现原理。SDK 的一大功能就是对这些算法能力进行抽象与封装，对开发者仅提供几个相关的 API，开发者无须关心这些算法能力的实现细节，使用 SDK 提供的 API 即可快速开发 XR 空间应用，这大大降低了开发者的门槛。
- 方便开发与调试：通常来说，SDK 除了可以对设备能力进行基础封装，还可以对交互能力进一步封装，它能同时提供多个方便使用的交互组件，如手势交互组件、UI 交互组件等。以手势交互组件为例，SDK 除了可以直接提供手势关节点的坐标和方向，还可以针对常用手势，如捏合、点击等，提供现成的组件及 Sample 示例，开发者可以“开箱即用”。除此之外，SDK 还可以提供配套的调试工具，方便开发者调试问题，优化应用，这大大提高了开发效率，缩短了开发周期。
- 社区支持：使用 SDK 开发应用，可以得到一个大的开发者社区的支持。这意味着开发者可以从中找到大量的文档、教程、问题解答和其他资源，帮助开发者解决在开发过程中遇到的部分问题。还可以在开发者社区内与其他开发者互动，交流开发经验，获取最新的行业资讯等内容，帮助开发者始终站在行业前沿，保持技术领先。

本节将详细介绍 Rokid 提供的各种 SDK，帮助开发者快速开发一款空间计算应用。

5.4.3.1　UXR SDK 开发介绍

1．UXR SDK 的诞生及特点

空间计算时代随着 Apple Vision Pro 的发布正式开启，以往割裂的生态被重新定义，混合现实的能力和产品有了明确的发展方向，系统和对应的 SDK 将以组合的形式面向用户和开发者，被精确定义的空间计算系统所对应的 SDK 也会向标准化的方向发展。Rokid 空间计算系统的 SDK 首当其冲，其中，UXR SDK 是 OS SDK 的代表。UXR SDK 是为 Unity 开发者提供的，是用于在 YodaOS-Master 上开发空间计算应用的工具，可以帮助开发者在 YodaOS-Master 上进行空间构建、虚实交互、空间感知，进而构建出完整的空间应用。UXR SDK 具备系统定制性，有更符合与系统竖向相关的多模态交互能力及工具。

2．基于 UXR SDK 创建一个空间应用

如何快速创建一个空间应用呢？开发者仅需理解两个属性概念：空间和交互，在完成属性定义后即可开发空间应用。

1）定义空间

定义空间需要先理解空间，而理解空间需要理解空间自由度，即物体在特定空间中具备的姿态、位置变化的自由度。通常意义上，物体在空间中可以通过位置和姿态来定量表述其位姿（Pose）。那么在描述物体在空间中的移动时，就可以将物体的移动分解为位置变化和姿态。对于空间中的物体，若其在空间中自由运动，则会产生移动带来的 X 轴、Y 轴、Z 轴向上的位移变化，以及姿态变化带来的 3 个轴（pitch、roll、yaw）向上的角度变化，这种用以表述物体在空间中的位姿变化的自由度称为 DOF。

UXR SDK 为开发者提供了 0、3、6 三种 DOF 的空间观察角度（见图 5-45），

并在上层空间中使用 CameraRig 组件统一管理空间属性，以便开发者开发不同类型的空间应用。

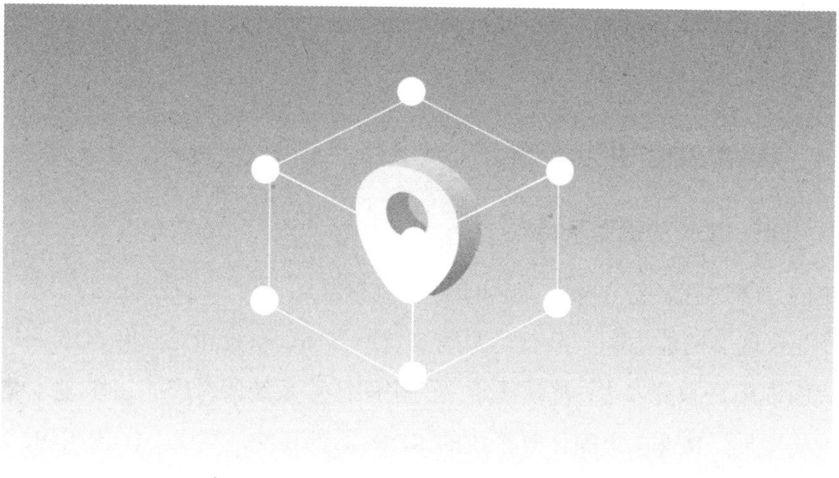

图 5-45 空间观察角度

- 0DOF 空间是指相对于 XRCamera 其位置和姿态是被锁定的，观察者始终以特定的位置和角度观察物体，也可以认为是空间中的观察者被锁定了位置和姿态，只能在特定位置上以特定角度观察空间（见图 5-46）。

图 5-46 在特定位置上以特定角度观察空间

- 3DOF 空间是指相对于 XRCamera 其位置或姿态是被锁定的，观察者可以在特定的角度以固定的任意位置，或者在特定的位置以任意的角度观察物体，也可以认为是空间中的观察者被锁定了位置或姿态，只能在特定位置上以不同的姿态观察空间，或者在不同的位置上以固定的姿态观察空间。
- 6DOF 空间是指相对于 XRCamera 其位置和姿态是完全自由的，观察者可以在任意的姿态和任意的位置观察物体，也可以认为是空间中的观察者是完全自由的，可以从任意位置以任意姿态观察空间。

2）定义交互

UXR SDK 为开发者和用户提供了丰富的虚实交互体验。开发者可以通过 UXR SDK 提供的多模态交互组件为用户开发基于手势交互、主机射线、触摸交互、鼠标等形式的交互体验（见图 5-47）。另外，UXR SDK 也为开发者提供了离线语音指令功能。UXR SDK 在上层空间中使用 Input 组件统一管理多模态交互。

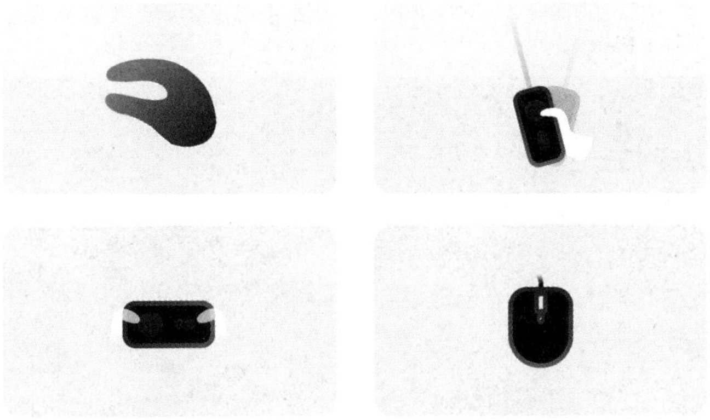

图 5-47　手势交互、主机射线、触摸交互、鼠标

（1）手势交互。

UXR SDK 提供了 OpenPinch、Pinch、Poke、Palm、Grip 五种手势状态（见图 5-48），以及对应的 26 个关节点数据来帮助开发者完成多样性的开发。使用这五种手势状态，开发者可以完成绝大部分的用户场景，如使用手势点击按钮，或者投篮。

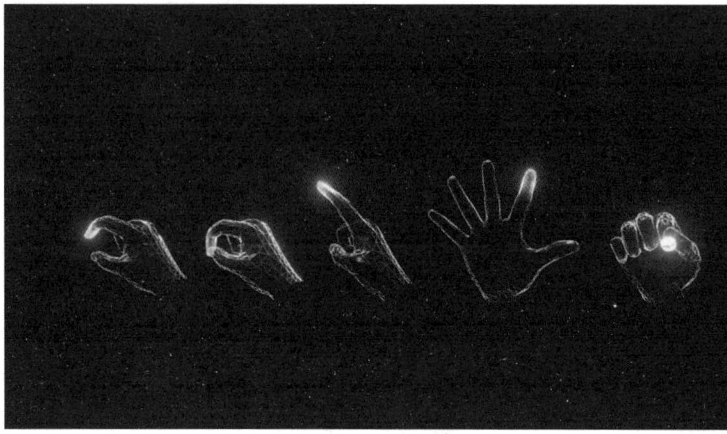

图 5-48　OpenPinch、Pinch、Poke、Palm、Grip 五种手势状态

（2）主机射线。

主机射线是指使用设备发出的一束虚拟的射线（见图 5-49），相当于在空间中模拟一个鼠标，用户只需晃动设备就可以随心所欲地改变射线的方向，以对空间中的虚拟信息进行选中，并完成相应的点击、拖动等动作。这种交互方式适用于对 UI 内容的操作。

图 5-49　主机射线

（3）触摸交互。

与主机射线同理，触摸也是在空间中模拟鼠标进行操作的，只不过改变鼠标朝向的是设备的触控板，只需动动手指就可以轻松操作。

（4）鼠标。

UXR SDK 不仅提供基于自身设备的交互，还可以通过蓝牙外接鼠标的方式进行操作，就像使用鼠标操作计算机一样，连接蓝牙鼠标后可以在空间中轻松进行操作。

5.4.3.2　OpenXR 标准

1．OpenXR 标准的诞生

在上一节中介绍了 UXR SDK，开发者使用 UXR SDK 即可开发出能够运行在搭载 YodaOS-Master 的设备上的 XR 应用。试想，如果开发者想要将这款应用移植到其他的 XR 设备上，那势必要花费大量的时间和精力来使用其他设备开发厂商提供的 SDK 进行适配，那么继续将应用移植到第三款、第四款甚至更多的 XR 设备上又会如何呢？那将会大大增加开发成本及后期维护成本。这种困境该如何解决呢？

在 2017 年的 GDC 游戏开发者大会上，国际知名的非营利标准化组织 Khronos 宣布，在设计 VR/AR 的开放标准方面取得了很大进展，正式将该标准命名为 OpenXR，同时宣布 OpenXR 工作组成立，并向行业发出邀请，任何感兴趣的公司都可以加入 Khronos 并参与到这一标准的建设中。随后，Intel、Google、高通、三星、华为、Unity 等巨头纷纷加入，经过两年多的优化，于 2019 年正式发布 OpenXR 1.0 的规范（见图 5-50）。

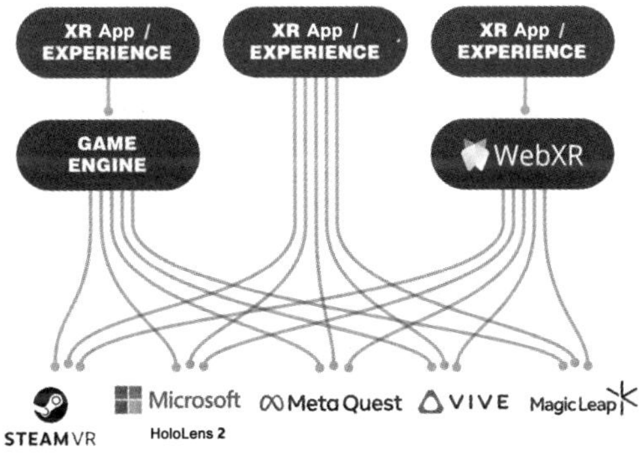

图 5-50　OpenXR 1.0

以下是 Khronos 对 OpenXR 的定义。

OpenXR is a royalty-free, open standard that provides a common set of APIs for developing XR applications that run across a wide range of AR and VR devices. This reduces the time and cost required for developers to adapt solutions to individual XR platforms while also creating a larger market of easily supported applications for device manufacturers that adopt OpenXR.

OpenXR 是一个完全免费且开放的标准，它提出了一系列的标准 API，开发者使用 OpenXR 标准 API 开发的应用，将能够直接运行在所有支持 OpenXR 标准的 XR 设备上。OpenXR 标准为开发者带来的益处是显而易见的，在使用 OpenXR 标准 API 后，开发者就可以将更多的时间花费在创造更好的应用功能上，而不是使这些功能在各种硬件组合上运行。同样地，OpenXR 标准为设备制造商带来的好处也是显而易见的，通过对 OpenXR 标准的支持，设备制造商能够在他们的平台上提供更多的内容，而不必从头构建生态。由此可见，OpenXR 标准对于整个 XR 行业的发展是大有益处的。

2. OpenXR 标准的组成

OpenXR 标准由两部分组成，一个是面向开发者的应用接口层（Application Interface），一个是面向设备制造商的设备层（Device Layer）（见图 5-51）。

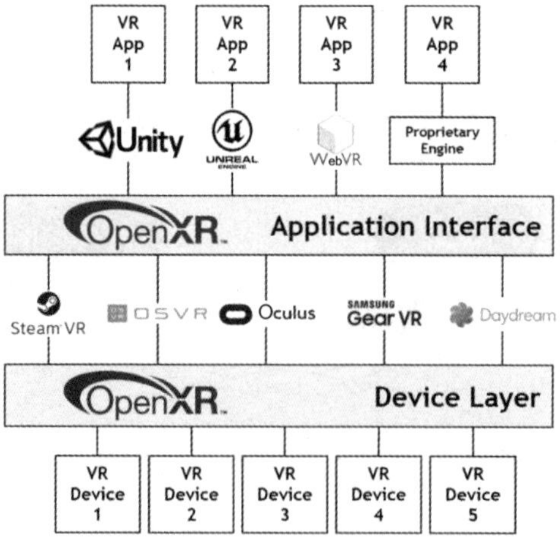

图 5-51　OpenXR 标准的组成

对应用程序员来说，只需要使用应用接口层的各种函数执行常见的操作，如访问控制器、外围设备状态，获取当前或预测的跟踪位置，以及提交渲染帧等。典型的 OpenXR 程序均始于创建一个实例（Instance）的调用，这个实例建立了与运行时环境的连接。随后，实例的调用会创建一个系统，该系统可选择一个物理显示器及输入、跟踪图形设备的一个子集来使用。接着，实例的调用会创建一个缓冲区（Buffers），应用将使用适合平台的恰当的图形 API 在缓冲区中渲染一个或多个视图。最后，实例的调用会创建一个会话（Session）并开始使用应用的 XR 渲染循环。

对运行时的实现者，也就是设备制造商来说，OpenXR 是一组控制 XR 系统操作并确定 XR 应用生命周期的函数。实现者的任务是在主机上提供一个实现 OpenXR API 的软件库（Software library），同时将每个 OpenXR 函数的工作映射到底层设备中。

3. Rokid 与 OpenXR

Rokid 作为 XR 行业的先行者，已于 2021 年加入 Khronos Group，聚焦 OpenXR 标准体系建设。加入 Khronos Group 后，Rokid 将现有 XR 能力统一 API 接口，并输出能力到平台，为开发者赋能，同年推出的 YodaOS-XR 即已支持 OpenXR 标准。同时，Rokid 携手国内知名 3D 数字内容开发引擎 Cocos，联合打造了国内首个 100% 基于 OpenXR 标准的 AR 体验游戏——《幽灵射手》XR 版（见图 5-52），并成功上架 Rokid Air 应用商店。

图 5-52　《幽灵射手》XR 版

在 YodaOS-Master 发布后，系统能力有了长足的进步，支持了 SLAM、手势、平面识别、图片识别等诸多 XR 功能，OpenXR 标准的 runtime 也在不断发展，图 5-53 所示为 Rokid OS 基于 OpenXR 标准的 SDK 框架。

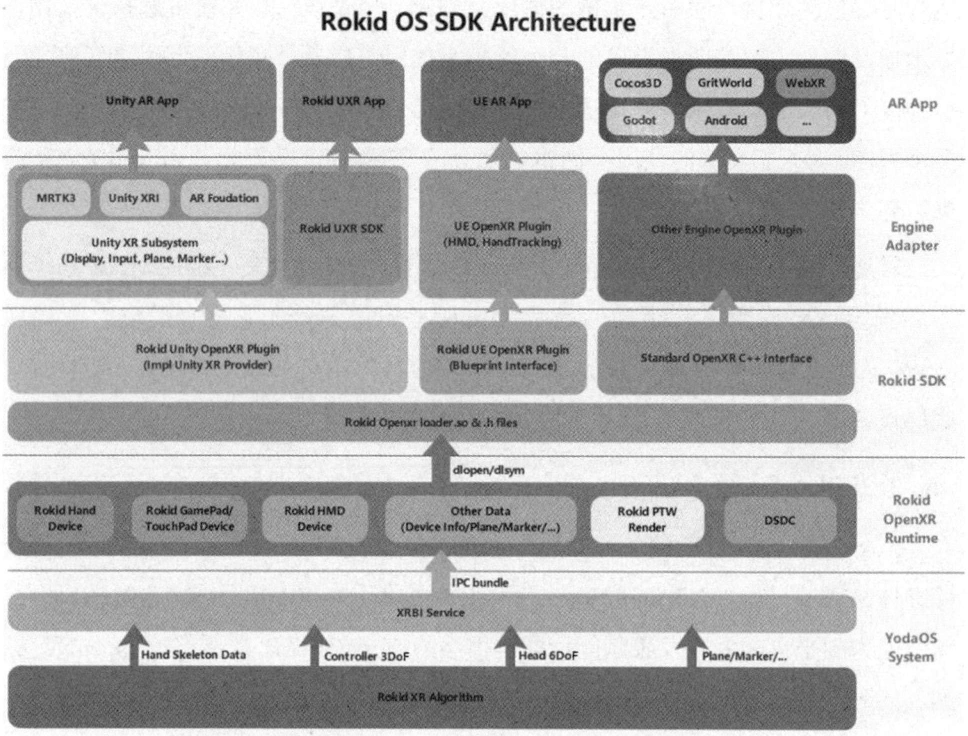

图 5-53　Rokid OS 基于 OpenXR 标准的 SDK 框架

除了标准化支持上述能力，Rokid OS 也基本覆盖了业界最全的开发引擎，如 UE、Godot、GritWorld 等，并且支持 WebXR 标准，同时支持 XR 开发领域的 Unity 三件套（Unity XRI、MRTK3、AR Foundation），极大地降低了开发者的门槛，提高了开发效率（见图 5-54）。

在 Rokid 开放平台网站上，开发者可以下载插件包并参考开发者文档进行配置，随后即可轻松使用 OpenXR API 开发应用。

4．OpenXR 标准的展望

Khronos 虽然已经得到了多家制造商的支持，成立了旨在实现共同目标的强大工作组，但仍不能确保所有人都采用这个标准。实际上，Khronos 建立的其他标准在获得支持方面并非一帆风顺，Vulkan 推出已有很多年，但从兼容性等方面考虑，目前移动端游戏使用的标准大多还是 OpenGLES。

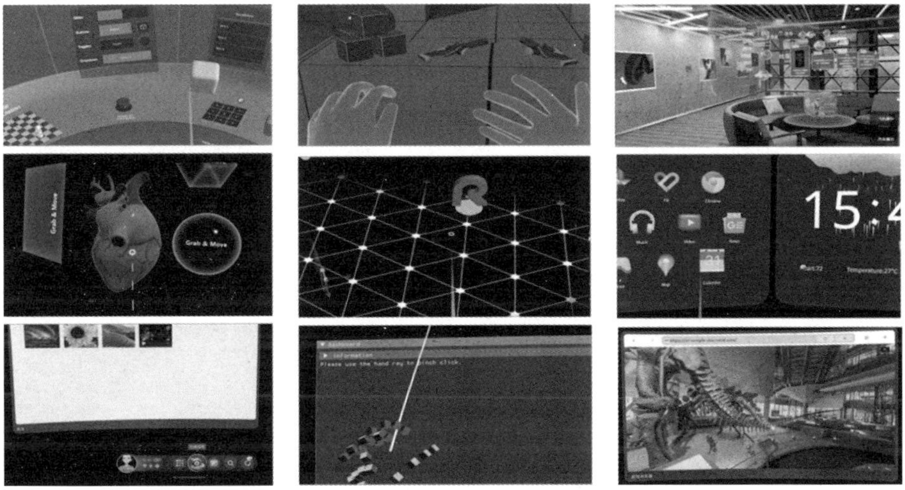

图 5-54　多引擎支持开发

同样地，OpenXR 标准在初期普及时，也是相当缓慢的。2017 年宣布成立 OpenXR 工作组后，VR 行业的发展就进入了低谷期，酝酿了两年才发布的 OpenXR 1.0 标准也并未引起太大反响。随着 2021 年元宇宙概念的兴起，Facebook 更名为 Meta，让 XR 技术再次来到聚光灯下，VR 行业和技术进入了快速发展期，OpenXR 的重要性再次凸显。

随着越来越多的 XR 设备如雨后春笋般冒出，在使用 OpenXR 标准时，也遇到了很多新的问题，最典型的就是，很多新的技术、新的概念在 OpenXR 1.0 标准中并不存在，制造商只能自定义拓展接口实现相关功能，OpenXR 标准再次朝着碎片化方向发展。在这样的背景下，OpenXR 1.1 标准在 2024 年 4 月诞生。

OpenXR 1.1 标准整合了多家制造商对关键功能的扩展，以减少跨多个平台的应用代码的差异，同时保持了灵活性和可扩展性，以在快速增长和发展的市场中促进自身创新。在未来，OpenXR 工作组将专注于管理一系列扩展，以开发新功能并寻求反馈，同时主动将经验证的技术集成到核心规范中，为开发者提供强大的跨平台 XR 功能。

“OpenXR 1.1 是这一开放标准发展的一个重要里程碑，该标准已在整个 XR 行业内被广泛采用。OpenXR 1.0 标准提供了基线功能，并为通过扩展来试验新功能奠定了基础。现在工作组正在转向管理常规核心规范更新，平衡发布新功能与整合成熟技术的需求，以减少碎片化并实现真正的跨平台应用的可移植性。通过简化开发和促进创新，希望开发者能够专注于创建突破性的沉浸式跨平台应用。OpenXR 1.1 标准体现了工作组和扩展 XR 社区的集体奉献精神，完善和推进了 OpenXR 标准，同时响应了快速发展的生态系统的动态需求。” OpenXR 工作组主席 Alfredo Muniz 说道。

目前，OpenXR 标准已经取得了 XR 行业内，除 Apple 公司外的全部大厂的支持，OpenXR 标准将持续迭代，为整个行业的健康发展保驾护航。

5.4.3.3 XR Interaction Toolkit 与 MRTK3

1. XR Interaction Toolkit

XR Interaction Toolkit（简称 XRI）是 Unity 官方提供的开发 VR/AR 程序的工具包，提供了移动、抓取、UI 交互等常用功能。YodaOS-Master 支持使用 XRI 进行开发，以下是其相关特性。

- 跨平台兼容性：XR 交互工具包设计用于与 Unity 的多平台 XR API 协同工作，允许应用在多种 XR 设备上运行，包括 Rokid、Oculus、HTC、Microsoft 等公司的设备。
- 预构建的交互：XR 交互工具包中包含各种预构建的交互，如抓取、投掷、用于移动的传送和 UI 交互。这些交互可以直接使用或根据特定项目的需要进行定制。
- 可交互的对象：开发者可以轻松定义用户交互场景中的对象，如按钮或拾起的物品。
- 移动系统：XR 交互工具包中包含对各种移动方法的支持，包括连续移动、传送和快速转向。这使得开发者可以在自己的 VR 应用中实现舒适、直观的移动系统。

- XR Rig：XR Rig 是为 XR 应用预构建的设置，包括主摄像机和手控制器。这简化了为 XR 设置场景的过程。
- 物理交互：XR 交互工具包允许创建基于物理的交互，如投掷物体或按下按钮。
- 输入系统集成：XR 交互工具包设计用于与 Unity 的输入系统协同工作，允许使用各种输入设备。

2．MRTK3

MRTK3 是 Unity 的第三代 Microsoft 混合现实工具包。它是 Microsoft 驱动的开源项目，旨在加速 Unity 中的跨平台 MR 开发。MRTK3 建立在 Unity 的 XR 管理系统和 XR 交互工具包的基础之上。YodaOS-Master 支持使用 MRTK3 进行开发，它的功能如下。

- 交互模型：MRTK3 提供了一套预设的交互模型，包括物理手势、语音命令、物体操控等。
- UI 控件：MRTK3 提供了一套预设的 UI 控件，包括按钮、滑动条、文本输入框等。
- 跨平台支持：MRTK3 支持各种 MR 设备和平台，包括 Rokid、HoloLens、Oculus、HTC Vive、Windows Mixed Reality 头显等。
- 脚本 API 和插件：MRTK3 提供了一套脚本 API 和插件，可以帮助开发者快速创建和测试 MR 应用。
- 模拟和测试工具：MRTK3 提供了一套模拟和测试工具，可以在没有 MR 设备的情况下在 Unity 编辑器中测试和调试 MR 应用。

5.4.3.4　空间小程序与 Web 技术

自计算机被发明以来，人类如何通过人机界面高效地与计算机程序沟通一直是一个重要问题。在计算机行业的早期，由于硬件能力的限制，只能通过命令行界面（CLI）使用键盘进行交互。这种方式虽然高效，但对用户的专业知识要求较高，限制了计算机的使用场景。随着计算机性能的提升，诞生了图形用户界面

（GUI）技术，用户可以通过简单的键盘和鼠标与计算机程序沟通，大大降低了学习成本，间接引发了个人计算机革命，使计算机从科研设备变成了个人辅助工具，走入千家万户。

随着计算机性能的进一步提升和人工智能技术的发展，计算机能够帮助人类解决的问题越来越多。人机交互界面也迫切需要突破二维平面的限制，通过 VR 和 AR 计算机进入了人类生活的三维空间，且人机交互方式逐步接近人与人的自然交互方式。相信在不久的将来，空间应用将替代传统平面应用成为人机交互的主要方式。

在日常生活中，拿起铅笔就可以写字，拿起书本便可以阅读，且写字与阅读可同时进行，不会产生冲突。那么在空间计算设备中，人类对这些行为也有同样的预期。如果把写字和阅读当作 XR 空间中的应用，那么也仅仅只有 Apple Vision Pro 做到了可以在同一个共享空间中同时打开多个空间应用。

当用户通过视频学习一门语言时，往往希望在空间中调出一块白板，用于记录一些单词及语法；当用户在学习数学或物理时，往往希望在空间中调出一个高级计算器，用于辅助理解公式；当用户在玩一款桌面游戏遇到困难时，往往希望在空间中调出一部游戏攻略大全进行难点讲解。用户对于这种在同一个共享空间中使用不同的可交互式内容的需求，会随着 XR 设备使用时长的增加而增加。

然而在将应用从屏幕迁移到共享空间的过程中，会遇到许多的困难与挑战。在桌面或移动操作系统中，各应用负责维护自己的 2D 绘制区域，彼此之间仅有遮盖与透明度叠加的行为，就像桌面上的纸张相互堆叠，符合人类对平面的认知。然而，当应用进入三维空间后，交互界面就从平面变成了三维空间中的实体。在桌面或移动操作系统中，用户习惯于通过点击、拖动和触控手势等操作来与应用交互。但在三维空间中，用户需要通过眼睛、手势或语音等更自然的方式与之交互，与其他实体之间也不再是简单的堆叠，而是会发生碰撞、挤压、旋转等复杂的交互逻辑。同时，在同一空间中的不同应用之间的光照和阴影也会相互产生影响。因此，需要一个强大的空间计算引擎来处理这些复杂的空间交互逻辑，使每个应用开发者都能够专注于自己的应用。

Rokid 希望将这种方便、易用的方式延续到未来的 XR 设备中，它被称作空间小程序（JSAR）。

通过空间小程序，用户可以在当前的数字空间中打开一个 WebXR 应用，它可以是一个空间计算器、白板、桌面小宠物等，并且它们都基于 WebXR Input Source 实现了交互功能。那么它与开发者在浏览器中直接打开一个 WebXR 应用并进入 immersive-* 模式有什么区别呢？唯一的区别就是打开方式，通常在使用浏览器的 WebXR 发生渲染时会覆盖整个场景内容，也就是说，传统浏览器的 WebXR 沉浸模式与当前场景的内容是互斥的，这意味着用户无法一边观看视频，一边打开 WebXR 应用，然而通过空间小程序便可以做到边用边看。

除此之外，Rokid 还基于 WebXR 参考 HTML5 和 CSS3 定义了一套专用于描述局部空间物体的规范——XSML（eXtensible Spatial Markup Language，可扩展空间标记语言），通过它开发者可以更容易地描述应用的组成和结构，以及嵌入脚本。

1. 适用场景

与 Unity 应用相比，Web 技术具备内容分发快、易于传播的特点，以及即开即用的能力，可以说 Web 是一种标准的动态化内容展示的应用格式。

在 YodaOS-Master 中，有两种运行 WebXR 应用的方法，即超域浏览器和空间小程序。

前者代表当下空间计算设备中的传统 Web 浏览器，基于桌面/移动端浏览器拓展，支持 WebXR 应用在空间计算设备中的 3D 渲染，但无论是 immersive-ar 还是 immersive-vr 模式，都无法实现 WebXR 应用与原生场景的共存（共享空间渲染）。

后者是完全面向空间计算设备中的共享空间渲染技术而设计的新一代 Web 渲染引擎。它支持 WebXR 应用与系统原生场景融合，如直接在桌面空间中打开 WebXR 应用，同时在细粒度 HTML 片段渲染的性能和开销方面做了一定程度的优化。因为在空间计算时代的用户图形界面，往往会被拆分到空间中的多个面板渲染。

本节将对空间小程序的 WebXR 应用的适用场景进行简单介绍。

空间小程序的共享空间渲染技术有利于以下示范场景的实现。

- 桌面组件与小游戏：与桌面空间共同存在的在线组件，如桌面计算器、桌面相册、桌面俄罗斯方块等，用户可以在使用桌面上的其他功能（比如，浏览器、视频软件及其他桌面 2D 应用）时同时使用该组件。
- 场景动态化部署：如 AR/VR 展馆场景中内容的动态部署，可以动态地将数字展馆中的内容以 Web 形式发布到云端，实现动态更新，本地应用只需记录位置或其他固定信息。
- 动态化数字内容发布：传统 Web 分发的是富媒体内容，而通过 WebXR 应用分发的是存在于数字空间中的可交互数字内容/产品（Interactive Digital Content/Product），用户可以快速传播和分享这些数字内容，并且这些内容是可交互的。
- 人工智能代理（Agent）插件：大语言模型可以实时获取用户需求，通过 Web 的方式使生成式 AI 提供的内容足够及时、精准，且通过 Web 技术配合大预言模式，用户可制定自定义化的展现方式。

由于空间小程序与 Web 本身就是公开的技术，因此开发者可以发挥创造力，将空间小程序用于任何其他适合的场景。

2. 开发空间小程序

空间小程序支持 WebXR 应用，在运行时可以基于 WebXR API 封装一套可以跨平台运行的空间标记语言——XSML，使用 XSML 可以在 VS Code、Web 浏览器及 YodaOS-Master 中预览和使用空间小程序。

3. XSML

XSML 是一种用于创建可交互数字产品的标记语言，用于描述数字产品的内容和结构。XSML 由一系列的元素（Element）组成，这些元素可以包裹不同的内容，使其以不同的方式呈现或工作，其兼容部分 HTML 标签用户空间中的用户界面（UI）定义。

4. 代码示例

以下是一个简单的 XSML 示例。

```
<xsml version="1.0">
  <head>
    <title>Rokid Jungle</title>
    <link id="model" rel="mesh" type="octstream/glb"
href="./model/welcome.glb" />
    <script>
      console.log('hello world');
    </script>
  </head>
  <space>
    <mesh id="model" ref="model" selector="__root__" />
  </space>
</xsml>
```

在上面的代码中：

- <xsml>元素定义了 XSML 文件。
- <head>元素包含了 XSML 文件的元信息。
- <title>元素定义了 XSML 文件的标题。
- <link>元素引入了一个 3D 模型文件。
- <script>元素添加了一个动态脚本，在 XSML 文件中它可以是 JavaScript 或 TypeScript。
- <space>元素的作用与<body>元素的相同，它包含了文件的内容。
- <mesh>元素定义了 3D 模型元素，它的 id 属性值为指定的 3D 模型文件的 id，它的 ref 属性值为指定的 3D 模型文件的节点。

5. XSML 编辑器

学习并使用 XSML 并不需要太复杂的工具，与 Web 开发相同，可以使用任何文本编辑器来编写 XSML 文件，如 VS Code、Sublime Text、Notepad++。

XSML 支持直接在传统 Web 浏览器中运行，可以通过打包好的在线 XSML 加载器运行 XSML 文件。另外，空间小程序也可以通过其他支持 XSML 的加载器打开，如 JSAR DevTools for Visual Studio Code（在应用市场中搜索 JSAR DevTools 即可找到）和 YodaOS-Master 空间小程序面板（见 YodaOS-Master 手册）。

6. 使用 Babylon.js

空间小程序在运行时内置了 Web 3D 引擎 Babylon.js，开发者除了可以使用 XSML 创建 2D/3D 物体，也可以通过 TypeScript/JavaScript 脚本创建 2D/3D 物体，比如：

```
<script>
  const scene = document.scene as BABYLON.Scene;
</script>
```

具体 API 可查阅 Babylon.js 文件。

7. 使用 WebXR API

Babylon.js 使用 WebXR API 已经实现了大部分 XR 所需的能力，包括渲染、控制器、手势识别等，开发者可以直接使用 Babylon.js 的对应接口，但对于想要直接使用 WebXR API 的开发者，通过 TypeScript/JavaScript 脚本也可以直接调用接口。

```
<script>
  const defaultXRSession = document.xrSession as XRSession;
</script>
```

XSML 上下文在应用开始时就会自动进入 WebXR 的空间沉浸模式，这与 HTML 文件中的 WebXR 不同。由于 HTML 文件首先会被渲染为 Web 页面展示在用户的屏幕或 3D 空间中的虚拟平面上，因此需要通过额外点击一个按钮才能进入空间沉浸模式，而 XSML 文件由于根节点代表的就是一个 3D 子空间，因此应用打开后即为空间沉浸模式，在 XSML 文件中会默认创建一个 XRSession，并通过 document.xrSession 获取。

8. 小结

本节基本介绍了开发者应如何使用空间小程序，其中包括 XSML 的介绍，以及如何使用 Babylon.js 和 WebXR API，但空间小程序是一个在不断变化的技术，虽然对于 WebXR API 的支持不会变，但是一些细节的 API 和使用方式可能会不断变化，若读者希望了解更多的细节及最新的动态，请通过 Rokid 开放平台中的空间小程序部分查看最新改动。

9. 展望空间小程序与下一代 Web 技术

Web 应用作为移动平台和桌面平台的强大内容载体，运行在如同沙箱的浏览器中，每一个 Web 应用都具备安全（与系统 API 隔离）与轻便的特性，使得互联网上的内容得以快速传播、分享。Meta Augments 和 visionOS 都提出了共享空间的概念，让开发者 100%针对空间进行开发，但对于 Web/WebXR 的开发者，在空间中，仍被限制在一个 2D 窗口中，即便打开 WebXR 的沉浸模式，也无法与当前场景共存，这与 Web 毫无相似之处。因此，Rokid 在 YodaOS-Master 中引入了空间小程序，它在 Web APIs 方面兼容了 WebGL 和 WebXR API，以此来运行 WebXR 应用。但它与当下浏览器运行 WebXR 的方式有所不同，它无须覆盖现有场景，而是在当前空间打开，真正做到了 WebXR 应用的“点击即用”，这与 Web 比较相似。

空间小程序的运行相当于 Web 渲染技术在空间计算时代的一次探索，探索未来 Web 在空间中的展现方式，就目前取得的成就来说，相信未来在不同的平台（包括 Meta Quest3、Apple Vision Pro 及 PICO 等设备）上，在当前空间中打开并使用 WebXR 应用，会逐渐成为用户浏览 Web 内容的主流方式之一。然而对空间小程序来说，这是从一款 WebXR 的桥接程序逐渐向可嵌入的浏览器内核架构的演进，从功能上支持更多的 Web APIs（如 Web Audio、Web RTC、Web Bluetooth 等）、渲染 HTML 和 Web Component 等；从使用性上，JSAR 会更注重内核集成的易用性，更加方便地将 Web 应用集成到各种各样的场景中。笔者希望空间小程序引擎能与富有创造力的 Web 社区一起将空间计算的未来带到人类身边。

第6章 生态内容

生态系统对技术的创新和进步起着关键作用，特别是在 AR 技术领域，构建一个支持开发者的生态系统对于行业的发展至关重要。为此，Rokid 提供了丰富的资源、社区支持、教育培训和多样化的开发者活动，致力于营造一个有助于创新和技术进步的环境。

Rokid 配备了包括开发工具、SDKs、APIs 及技术文档在内的全方位资源，以帮助开发者将创意转化为实际应用。在线论坛、技术支持和社区活动促进了开发者之间的交流互动，激发了广泛的创新活力。

在培训与教育方面，借助若琪学院，以及与高校的合作，推出了专业的培训课程和线下培训计划，致力于培养未来 AR 行业的高端人才。此外，通过各种线上、线下的开发者活动，如开发者沙龙、应用挑战赛和行业会议等，为开发者提供了创意展示的平台，进一步推动了行业发展。

Rokid 还与技术供应商、内容创作者、服务提供商和学术机构建立了战略合作关系，共同开发创新解决方案，推动商业化合作。在消费者互动方面，Rokid 的应用商店功能强大，通过不断优化用户体验来提升应用生态。

6.1 开发者支持与创新

（1）资源提供：Rokid 为开发者提供了多样化的工具和技术支持，包括开发工具、SDKs、APIs、技术文档等，以帮助开发者高效地进行产品开发。

（2）社区与支持：Rokid 通过建立活跃的开发者社区和提供及时的技术支持，帮助开发者在交流与合作中不断进步。

（3）培训与教育：Rokid 通过系统化的教育培训计划，提高开发者的技能水平，激发其创新潜力。

（4）开发者活动：Rokid 通过举办各种开发者活动和比赛，为开发者提供了展示和交流的平台，进一步推动了创新和生态系统的发展。

6.1.1　资源提供

在推动技术创新和行业进步的过程中，充足的开发者资源起着关键作用。为此，Rokid 提供了一系列丰富且高质量的资源，以帮助开发者迅速将概念转化为产品，从而提高开发效率和创新能力。

1. 开发工具

开发工具是开发者日常工作中不可或缺的一部分。Rokid 提供了一系列高效且易用的开发工具，以帮助开发者效率更高地构建和优化应用。

- SDKs：为开发者提供了构建应用所需的基本框架和工具。通过使用 SDKs，开发者可以节省大量的时间和精力，避免从头开始构建复杂的系统。例如，UXR2.0 SDK 是为 Unity 开发者提供的，在 YodaOS-Master 上开发空间计算应用的工具。它可以帮助开发者在 YodaOS-Master 上进行空间构建、虚实交互、空间感知，进而构建出完整的空间应用。通过 SDK，开发者可以简化开发流程，提高开发效率，只专注于创新和产品优化。
- 灵境空间计算引擎：端云一体的空间计算引擎是专为 AR 空间计算开发设计的工具，提供可视化界面，支持快速构建和调试 AR 场景，无须编写复杂代码。开发者可以轻松实现复杂的 AR 应用，进而提升用户体验。此外，灵境还集成了多个第三方插件，扩展了功能范围，使开发者能够更灵活地定制和优化 AR 空间计算应用。

2. 技术文档

技术文档是开发者理解和使用工具、SDKs、APIs 的关键。高质量的技术文档可以帮助开发者迅速熟悉所用工具，解决开发过程中遇到的问题。

- 使用指南：提供详细的使用说明，帮助开发者快速熟悉工具和 SDK 的使用方法。Rokid 提供的使用指南涵盖了从基础功能到高级特性的全面说明，使开发者能够高效地利用资源。
- 示例代码：提供实际应用场景的示例代码，帮助开发者理解和应用所需技术。通过示例代码，开发者可以更好地学习和实践各种开发技术，加快开发进程。
- 常见问题解答：提供常见问题的解决方案，帮助开发者解决在开发中遇到的实际问题。Rokid 提供的常见问题解答涵盖了可能遇到的各种问题，其中包括详细的解决方案，减少了开发者的困扰。

3. 辅助材料

除了上述资源，Rokid 还为开发者提供了一系列辅助材料，如教程视频、开发者论坛、在线支持等。这些辅助材料可以帮助开发者快速学习新技术、获取社区支持、解决实际问题，从而提高整体的开发效率和产品质量。

- 教程视频：提供系统化的教程视频，帮助开发者深入学习开发技术。Rokid 提供了若琪学院平台，其中的教程视频覆盖了从基础到高级的各种主题，帮助开发者系统地学习和掌握新技术（见图 6-1）。
- 开发者论坛：开发者交流互动的平台，帮助开发者获取社区支持。通过开发者论坛，开发者可以相互交流经验、分享心得，获得来自社区的支持和帮助。
- 在线支持：提供在线技术支持，帮助开发者解决开发中的紧急问题。Rokid 的在线支持团队随时准备帮助开发者解决各种技术难题，以确保开发顺利进行。

图 6-1　若琪学院

6.1.2　社区与支持

Rokid 通过以下方式建立了一个开放的开发者社区，即开放平台 Rokid AR Platform（见图 6-2）。

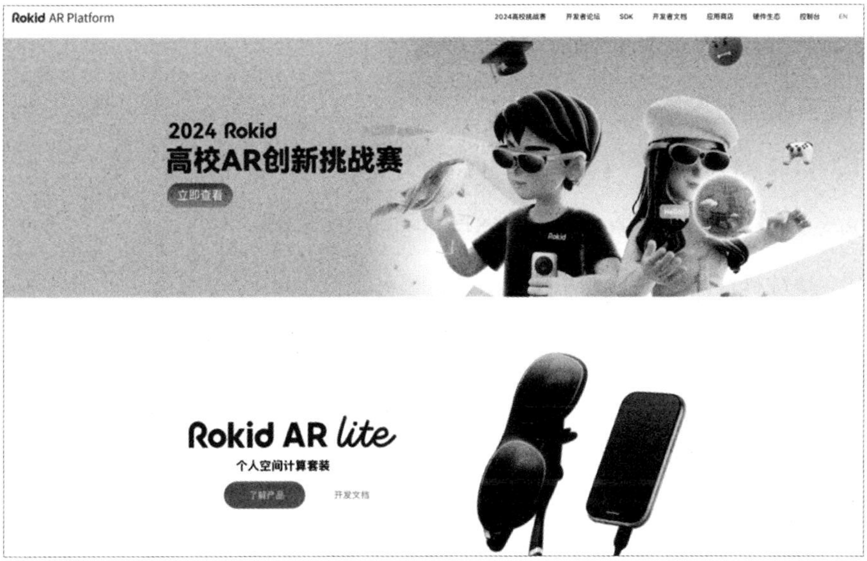

图 6-2　Rokid AR Platform

1. 在线论坛的建立

Rokid 建立了一个在线论坛，作为开发者交流的中心枢纽。在开发者论坛中，开发者能够分享经验，讨论技术问题，获取最新的产品更新信息（见图 6-3）。

图 6-3　Rokid 开发者论坛

2. 技术支持与服务

Rokid 论坛提供的技术支持与服务可以确保开发者在遇到问题时能够得到快速响应和专业帮助，从而跨过开发过程中的障碍。

3. 开发者社区活动的组织

Rokid 定期举办线上和线下的开发者社区活动，如技术研讨会、工作坊、Meetup 等，促进知识共享，加强社区内成员之间的联系。

4. 持续性比赛的激励机制

Rokid 通过组织持续性的编程比赛和“黑客松”，激发开发者的创新精神和团队协作能力，同时为优秀的项目和创意提供了展示平台。

5. 文档和资源的共享

Rokid 社区提供了丰富的开发文档、SDK 和课程，以帮助开发者更快地掌握所需技能，加快开发流程。

6．反馈和迭代的循环

Rokid 重视开发者的反馈，将用户的建议和意见纳入产品迭代的过程，确保产品和服务能够满足开发者的实际需求。

7．社区领袖和意见领袖的培养

Rokid 在社区中培养了一批积极的贡献者，他们作为社区的意见领袖，帮助开发者解答问题，同时进行直播分享、内容输出，形成了积极向上的社区文化。

8．多渠道的沟通与交流

除了论坛，Rokid 还通过邮件列表、社交媒体、即时通信等多种渠道与开发者保持沟通，确保信息的畅通和及时的交流。

通过以上综合措施，Rokid 成功地构建了一个互助合作、信息共享、持续创新的开发者生态系统，为推动技术发展和产品创新奠定了坚实基础。

6.1.3　培训与教育

作为国内 AR 领域的领先企业，Rokid 深知行业生态与人才培养的重要性，率先在行业内设立了专属的若琪学院，致力于为开发者提供丰富的培训资源。若琪学院汇集了大量的培训教材和视频，具有众多内部讲师，为行业和高校提供了专业且全面的培训支持。

若琪学院提供了详尽的学习资料，以及开发者论坛和社区等多种学习渠道，使开发者能够迅速掌握最新的专业技术。同时，Rokid 的专业工程师能够通过论坛和社区，及时解决开发者在技术方面的疑难问题。每周一次的直播活动邀请公司内部专家、行业资深开发者及优秀项目负责人，共同分享产品开发经验与行业知识，促进了开发者之间的交流、学习。

在高校合作方面，Rokid 投入了大量资源，积极培养未来的行业人才。自 2023 年起，Rokid 与高校开展了深入的课程合作。截至 2024 年 7 月，Rokid 已与国内外 50 余所高校进行了密切合作，深入开展课程培训活动。2024 年，Rokid 走进全国 20 多所知名高校，为数千名学子带来了前沿的 AR 课程。这些合作高校包括北京交通大学、中国传媒大学、北京理工大学、北京航空航天大学、中央美术学院、上海纽约大学等。

这些培训课程涵盖了 AR 技术的理论与实践，特别注重学生在实际项目中的应用，推动了技术和创意的融合与突破。部分课程内容包括空间计算基础理论、Unity-Android 开发环境搭建、UXR2.0 SDK 空间基础、UXR2.0 SDK 手势交互详解、空间计算与 XR 技术基础、UXR2.0 SDK 导入、UXR2.0 SDK 多模态交互和 AI 基础知识等。

在培训过程中，学生不仅学习理论知识，还通过实践将所学内容应用于实际项目，这种实用性的学习模式对于知识转化尤为重要。通过为高校学生提供免费样机支持，鼓励他们将创意与技术相结合，创造出能够真正影响人类生活和文化理解的作品。

例如，在上海纽约大学与纽约大学帝势艺术学院联合培养-互动媒体艺术硕士项目（IMA Low Res）中，研究生们通过 Rokid AR Studio 培训课程，将上海这座城市的历史与文化元素融入了 AR 技术的应用中。他们利用大空间扫描技术、AI 生成技术和游戏引擎，结合 Rokid AR 眼镜，设计了一系列的大空间 AR 体验。这些体验不仅仅是技术上的突破，更是对文化和情感的表达，将上海的文化标识、老上海的故事及国际化视野下的上海美食融入外滩源的历史建筑之中。这种创新不仅为研究带来了实践能力的提升，还为 Rokid 带来了新的创意和技术应用的可能性，进一步推动了 AR 技术在多元文化空间中的应用和发展。

Rokid 的高校培训计划致力于通过实践性学习，激发学生的创造力和创新精神。学生在学习空间计算、开发环境构建和多模态交互等理论知识后，不仅限于纸上谈兵，而是将这些知识直接应用于实际项目中。

例如，中央美术学院的学生通过培训课程，结合中国传统武术和多模态交互技术，开发了一款新型的 AR 武术学习系统。这个系统采用 AI+AR 技术，实现了所见即所得的学习体验，使学生能够通过 Rokid AR 眼镜直观地学习和体验传统武术的动作与技巧。这种创新性的项目不仅推动了技术与文化的结合，还为学生提供了一个探索和实验新技术的平台，进一步丰富了 AR 技术在教育和文化领域的应用场景（见图 6-4）。

图 6-4　Rokid 走进中央美术学院

北京理工大学的学生则试验将 AIGC 和 AR 技术二者融合，开发了一款用于在旅游途中记录并具有社交属性的 AR 应用。这款应用使得旅行过程不再单调，同时将旅行者的回忆从平面空间中解放出来，让他们能够通过 AR 技术更加生动地记录和分享旅行中的点滴。

另外，学生们还致力于社会责任项目，特别是为阿尔茨海默病患者开发的 AR 应用。Rokid AR 眼镜的回忆功能，可以帮助患者记录日常生活的细节，克服记忆障碍。这不仅展示了学生对 AI+AR 技术的创新运用，更体现了他们对弱势群体的深切关怀和社会责任感。

Rokid 的高校系列空间计算培训课程面向全体理工科和数字媒体艺术专业的师生，提供了超 200 个课时的多维度教学内容，课程涵盖了 XR 行业的基础知识、空间计算技术、生态建设及内容创作等领域，引领全国范围内的高校掀起了一股空间计算的热潮。超 1000 名高校学生积极参与，与 Rokid 共同探索如何将艺术创作与 AR 技术相结合，创造全新的表达方式。

6.1.4　开发者活动

Rokid 每年举办多场开发者线下活动，包括高校专属挑战赛、全球应用开发大赛、开发者沙龙及行业展会等，旨在激发开发者创新灵感，推动 XR 技术的发展和应用。这些活动不仅为开发者提供了展示才华的舞台，还促进了技术交流和合作。

1. 高校 XR 内容创作大赛

Rokid 每年举办的高校 XR 内容创作大赛吸引了全国各地的学生参与，通过网络投票和专业评委打分的方式，评选出一批优秀的学生作品。这些赛事不仅普及了 XR 行业的知识，还培养了大量的 XR 行业人才，丰富了 XR 行业的内容生态，推动了 XR 产业的快速发展。

2023 年，Rokid 举办了首届高校 XR 内容创作大赛（见图 6-5），大赛吸引了 253 名学生报名参加，共 101 件作品进入初赛评选阶段。在初赛评选阶段的网络投票环节中，前三名作品累计获得了 10017 票，总计决出 48 件作品进入决赛。在决赛环节中，通过决赛现场路演和专业评委打分，最终有 10 件作品获奖。

图 6-5　首届高校 XR 内容创作大赛

赛后，Rokid 为参赛获奖选手颁发了奖金和奖状（见图 6-6）。

图 6-6　为参赛获奖选手颁发奖金和奖状

比赛结束后，Rokid 通过“开发者故事”主题活动，继续展示开发者的参赛作品，以实现对开发者的持续关注和曝光。

赛事面向全国学生，以普及 XR 行业知识、培养 XR 行业人才、丰富 XR 内容生态为目标，推动 XR 行业快速发展，促进 XR 产业共同繁荣。

2．全球 AR 应用开发大赛

除了面向高校的挑战赛，Rokid 还定期举办全球范围的 AR 应用开发大赛。这些赛事吸引了来自世界各地的开发者，通过创新技术和实验性项目，为全球用户带来了众多优秀的 AR 应用和游戏。获奖作品不仅可以获得丰厚的奖金和市场推广的机会，还可以进一步提升自身在行业内的影响力和地位。

2023 年 9 月，Rokid 成功举办了第二届 AR 应用开发大赛，吸引了 163 支队伍，他们共提交了 171 个创新产品方案。经过激烈的竞争，共有 73 件作品成功突围，进入了初赛的评选阶段。

初赛评选由线上网络投票和线下专业评委打分组成。线上网络投票吸引了约 40 万人参与，投票总数排行前十的参赛作品可直接进入决赛，排名在 11 到 30 之间的 20 件作品由专业评委打分，按照分高原则依次进入决赛。

决赛环节由参赛选手在线下场地进行实地路演，并由专业评委及大众评委根据评审标准（见图 6-7、图 6-8 和图 6-9）进行综合打分，按照分高原则决出获奖名次，现场直接进行颁奖。

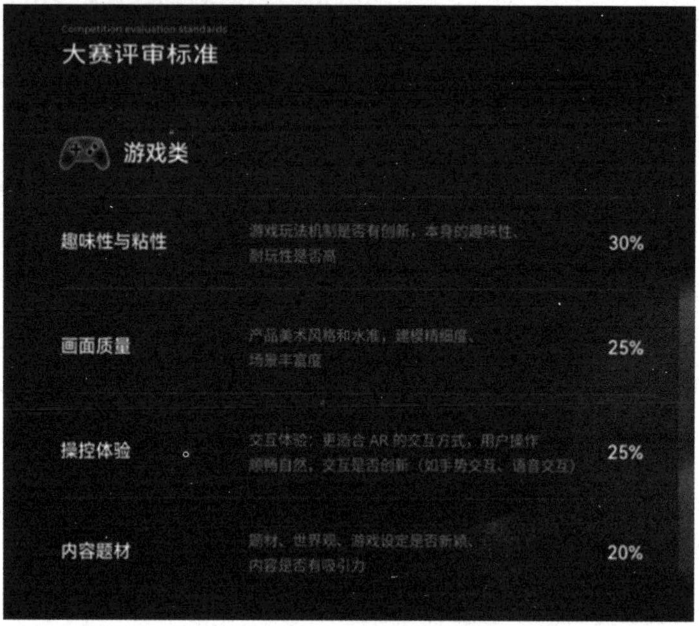

图 6-7　游戏类应用评审标准

图 6-8　非游戏类应用评审标准

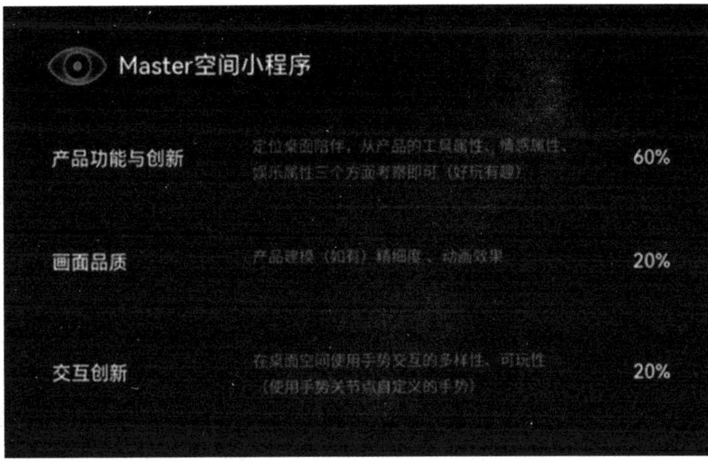

图 6-9　Master 空间小程序评审标准

同样地，在赛事结束后，Rokid 会对获奖开发者实施一系列的扶持措施，如“开发者故事”专属文章市场推广（见图 6-10）、“开发者沙龙”优秀开发者主题分享（见图 6-11）。

3．开发者沙龙

Rokid 定期举办的开发者沙龙，构建了一个开放共享的平台，为充满活力和创新精神的开发者提供了一个交流、学习的场所。这些沙龙活动不仅有助于形成一个繁荣的开发者社区，而且通过主题分享和技术讨论，进一步促进了开发者间的协作和知识共享，推动了 XR 技术的持续创新和应用领域的拓展。

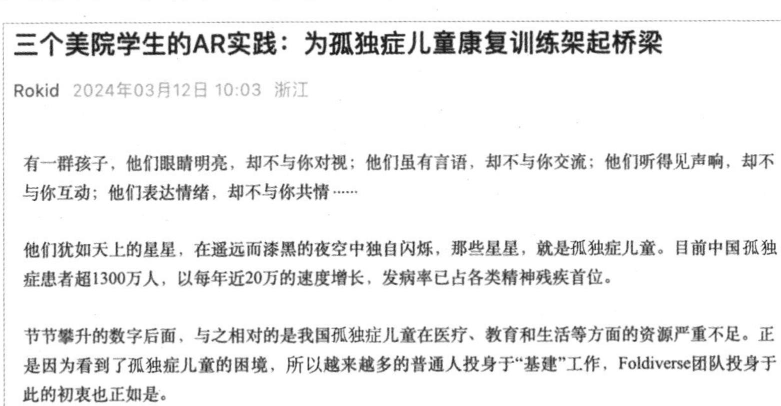

三个美院学生的AR实践：为孤独症儿童康复训练架起桥梁

Rokid　2024年03月12日 10:03　浙江

有一群孩子，他们眼睛明亮，却不与你对视；他们虽有言语，却不与你交流；他们听得见声响，却不与你互动；他们表达情绪，却不与你共情……

他们犹如天上的星星，在遥远而漆黑的夜空中独自闪烁，那些星星，就是孤独症儿童。目前中国孤独症患者超1300万人，以每年近20万的速度增长，发病率已占各类精神残疾首位。

节节攀升的数字后面，与之相对的是我国孤独症儿童在医疗、教育和生活等方面的资源严重不足。正是因为看到了孤独症儿童的困境，所以越来越多的普通人投身于“基建”工作，Foldiverse团队投身于此的初衷也正如是。

图 6-10　“开发者故事”专属文章市场推广

图 6-11 “开发者沙龙”优秀开发者主题分享

4．行业展会

在 XR 行业之外，Rokid 也会和各大平台（如声网、Unity 等）联合举办行业展会活动，旨在鼓励开发者基于 YodaOS-Master 能力与平台服务、Unity 3D 引擎和声网 RTE 实时音视频服务，打造更多具有空间交互能力的优秀 AR 应用与游戏，实现技术、产品与商业创新，为全球用户带来更加丰富、优质和新奇的体验。

6.2 合作伙伴网络

在构建和发展一个成功的生态系统时，合作伙伴往往扮演着重要角色。Rokid 通过战略合作和商业化联系，与技术供应商、内容创作者、服务提供商和学术机构紧密联系，共同推动技术创新和市场扩展。这种多元化的合作关系不仅促进了产品和解决方案的研发与优化，还为合作伙伴带来了显著的商业利益和市场拓展机会。

6.2.1　战略合作

1．技术供应商

从硬件制造商到软件解决方案提供商，Rokid 与各类技术供应商合作密切，这些合作使其能够获得最先进的技术和资源，推动产品的持续优化和创新。例如，Rokid 与领先的芯片制造商合作，确保设备具备强大的计算能力和高效的能耗管理。这种合作不仅能够提升产品性能，还能加快产品的研发周期，迅速响应市场需求。此外，Rokid 还与多家传感器供应商合作，使产品在感知和交互方面更具优势。

2．内容创作者

在内容创作方面，Rokid 与众多内容创作者建立了合作关系，共同开发丰富多样的 AR/VR 内容。这些合作涵盖了教育、娱乐、医疗等多个领域。通过与内容创作者合作，为用户提供更多元的内容体验，从而提升产品满意度和用户忠诚度。同时，内容创作者也借助 Rokid 的平台，将创意转化为实际应用，获得更大的市场曝光度和商业回报。例如，通过与知名教育平台合作，Rokid 推出了一系列互动教育应用，极大地提升了学生的学习体验。

3．服务提供商

服务提供商是 Rokid 生态系统中不可或缺的一部分。Rokid 通过与各类服务提供商合作，为用户提供全面的技术支持和解决方案。例如，与云计算服务提供商合作，能够为用户提供强大的数据处理和存储能力；与技术支持服务提供商合作，能够确保用户在使用 Rokid 产品的过程中获得及时有效的技术支持，从而提升整体用户体验。

4．学术机构

Rokid 高度重视与学术机构的合作，通过与高校和研究机构合作，推动了前沿技术的研究和应用。Rokid 与多所知名高校合作，共同设立联合实验室，进行人工智能、AR 等领域的研究。这些合作不仅促进了技术创新，更是培养了大量高素质的技术人才，进一步增强了其在行业内的竞争力。

6.2.2 商业化合作

在商业化方面，Rokid通过与各类商业合作伙伴合作，共同探索和拓展新的市场机会。这些商业化合作不仅带来了直观的商业利益，还帮助 Rokid 在全球范围内建立了强大的市场影响力。

1. 市场拓展

Rokid 与全球各地的商业伙伴合作，开拓新市场。例如，Rokid 通过与海外分销商和零售商合作，将自身产品推向国际市场。这些合作伙伴借助 Rokid 在当地市场的资源和经验，帮助其迅速进入并占领市场，提升品牌知名度和市场份额。

2. 商业模式创新

通过与商业合作伙伴合作，Rokid 不断探索新的商业模式，实现多元化的收入来源。例如，与企业客户合作，为其提供定制化的解决方案，满足不同企业的特定需求；与广告商合作，通过 AR 广告等新型广告形式，实现广告收入的增长。通过这些创新的商业模式，Rokid 不仅拓展了业务范围，还增强了自身的市场竞争力。

6.2.3 成功案例

1. 与声网的合作

Rokid 与声网在实时音视频技术方面的合作，是一个典型的成功案例。通过与声网合作，Rokid 集成了高质量的实时音视频通信能力，提升了其产品的互动体验。双方共同研发的解决方案在多个行业中得到了广泛应用，包括在线教育、远程医疗和企业培训等。这一合作不仅提升了 Rokid 产品的市场竞争力，还为声网带来了新的业务增长点。

2. 与国内高校的合作

Rokid 与国内多所高校的合作，不仅推动了技术的研究和应用，还培养了大量的技术人才。例如，Rokid 与清华大学联合设立了人工智能实验室，进行深度学习、计算机视觉等领域的研究。这一合作不仅在技术上取得了重大突破，还为Rokid 提供了高素质的人才输入，提高了其在行业内的技术领先地位。此外，Rokid 还与其他高校合作开展了一系列技术竞赛和创新项目，激发了学生的创新热情，培育了更多的技术人才。

Rokid 通过多层次、多维度的合作伙伴网络，推动了技术创新和市场扩展。在战略合作和商业化合作中，Rokid 公司与技术供应商、内容创作者、服务提供商和学术机构紧密合作，共同开发和优化产品，提升了生态系统的整体竞争力。

6.3 消费者互动

6.3.1　应用商店简介

应用商店是提供应用分发与交易的重要平台，是连接用户和开发者的坚固桥梁。它绝非单纯的市场，而是应用生态系统的关键部分。从智能手机时代开始，应用商店就逐步走向了舞台中心，成了主流的应用/内容分发模式。

6.3.2　应用商店发展简史

在 PC 时代，主流的下载方式是从开发者自身的网站或第三方网站中获取软件和应用，操作系统商并未将应用商店视作主要的分发渠道。

然而，在智能手机时代，2008 年，Apple 公司于美国旧金山正式推出 iPhone 3G，并为 iOS 带来了全新的官方应用——App Store。自此，手机的应用生态迈入崭新阶段，Google Play 等应用商店也相继崭露头角。尽管 App Store 起初仅是官方应用的分发和升级平台，但一年后，Apple 公司允许第三方 App 通过 App Store 进行分发，并逐渐发展为提供购买、付费订阅等一系列收费服务的应用商店。Apple 公司凭借其硬件和操作系统的优势，对 App Store 进行紧密捆绑，确立了以

App Store 为主流应用分发的模式。与 PC 时代以硬件销售及操作系统收入为主不同，App Store 的应用分成给 Apple 公司带来了极为可观的收入。数据表明，2023 年 Apple 公司在软件方面的收入高达 891 亿美元，其中大部分营收皆由 App Store 贡献。App Store 成就了 iOS 丰富多样的应用生态，也为 Apple 公司开辟了除硬件之外的、新的收入途径。在 2023 年，App Store 的全球收入达到了惊人的 223.4 亿美元，折合人民币约 1608 亿元。同样地，Google 作为安卓系统的应用提供者，也将 Google Play 与自有操作系统强绑定以发展生态，并逐步在海外市场确立主导地位。

在国内安卓智能手机时代早期，第三方应用商店如豌豆荚、91 助手、360 手机助手、腾讯应用宝等群雄纷争。当时，各大安卓手机厂商自带的应用商店存在应用少、体验差的问题，为应对第三方应用商店的竞争，甚至成立了“硬核联盟”（由玩咖传媒联合国内一线智能手机制造商：OPPO、vivo、酷派、联想、华为、魅族组成）。其中，91 助手更是以 19 亿美元的高价售予百度，足见第三方应用商店巨大的用户价值。国内安卓应用市场普遍采用联运模式，应用商店作为渠道方，能够获取高达 50%的应用内付费收入分成，这一比例高于 App Store 30%的应用内付费收入分成。历经多年发展，手机厂商主导的应用商店凭借硬件及定制 ROM 的优势，逐渐占据应用分发的主导地位，第三方应用商店逐渐衰落，豌豆荚、360 手机助手，甚至退出历史舞台。目前，仅有腾讯应用宝因有强大的腾讯游戏及应用支持，成为少数硕果仅存的第三方应用商店。此外，不得不提的就是 TapTap，它摒弃了广泛采用的联运模式，采用 0 分成的创新型商业模式及独特的社区文化，在游戏应用市场中占据了一席之地。另外，因为应用商店主流模式的确立，在 PC 端，也诞生了包括 Steam、Wemade 等以游戏为主的应用商店。

6.3.3 应用商店模式的主要特点

应用商店作为应用下载和销售的市场，具备应用上架与分发功能。主流的应用商店大多以货架模式为主，对应用的详情予以展示，包括应用的基础信息、图片、视频、评分及评价信息等。由于应用商店中的应用种类众多，因此为了方便用户快速找到对应的应用，很多应用商店加入了编辑推荐、专题、应用榜单等模块，甚至引入了智能推荐算法，通过“人工+算法”的推荐方式来帮助用户快速找到对应的应用。随着应用商店运营方式的更加多样化，部分应用商店通过短视频或内容评测等方式来为用户推荐应用，通过内容来提高应用分发的效率。

同时，因为应用种类繁多，所以主动搜索也是发现应用的重要方式。对于成熟的应用商店，应用开发者为了更好地推广自己的应用实现转化，需要通过应用商店的推荐机制来获取流量。例如，通过给应用商店写推荐邮件来获取编辑推荐，通过优化图标、关键词，甚至投放应用商店的搜索广告等方式来提升应用的点击率和转化率等。

应用商店由“人”“货”“场”三部分构成。“人”即智能终端的用户，需要花费资金购置硬件，不同平台的用户画像会存在一定的差异，付费意愿和付费能力也会存在较大的差别。

“货”即开发者开发的应用和游戏，应用和游戏是应用商店中的主要类别。应用涵盖了社交、视频、音乐等主要应用场景，其质量和丰富度是应用商店的关键要素。

“场”即应用商店，作为一个“场”，应用商店需要打造良好的体验和购物氛围，以提高应用的下载量。一个应用商店应具备以下特点。

- 为用户提供一站式的应用下载与更新服务：应用商店作为集中化的分发平台，汇聚了海量的应用，可为用户提供一站式的应用下载服务体验，而无须去对应的网站进行应用下载和更新，大大提高了用户发现和获取应用的速度。
- 应用的安全性与合规性：大多数应用商店会根据国内外的法律法规，从用户的角度出发，制定相应的应用审核标准，对开发者提交的应用进行审核，确保其符合上架的相关规范，如不过度收集用户信息、不含有恶意软件，以保护用户的设备使用安全。
- 下载的便利性：用户可以通过搜索、分类浏览等方式快速找到所需应用，并直接在设备上完成下载和安装，大部分系统集成的应用商店采用静默安装的方式，只要点击下载即可完成安装。而第三方应用商店，因无法拿到系统的相应权限，完成下载后，需要用户点击安装才可完成应用安装的流程。

- 支付系统集成：对于付费应用，应用商店通常集成了安全的支付系统，支持主流的第三方支付、信用卡、电子钱包等多种支付方式。
- 更新管理模块：应用商店会通知用户更新已安装的应用，帮助用户保持应用的最新状态。
- 评价与反馈模块：用户可以在应用商店内对所安装应用进行评分和评论，为其他的用户提供参考，同时为开发者提供应用的反馈信息。评分体系也是应用商店进行流量分发的重要参考因素之一。应用商店会对评分更高的应用进行优先推荐。

6.3.4 应用的主要付费模式

对应用平台和应用开发者来说，商业化是非常重要的课题。目前主流应用商店的应用和游戏主要分为以下两种类型。

1. 免费下载应用内付费模式

免费下载应用内付费模式已成为主流的应用商业模式，通过免费下载降低用户试用和使用的门槛，商业模式包括以下几种。

- 应用本身具备一定的商业模式，如电商类、打车类等，通过商品交易或提供服务来获取收益。
- 部分应用通过会员付费订阅来获取收益，如腾讯视频等主流视频类应用都是通过该模式来获取收益的。
- 通过销售应用内的虚拟物品来获取收益，如在游戏类应用中销售虚拟道具等。
- 通过展示广告来进行商业化。很多应用平台会打造自己的广告联盟系统，以帮助开发者快速接入广告体系，实现应用变现。目前 XR 领域还处于行业早期，暂无丰富的广告系统供开发者接入。

2．付费下载模式

应用需要付费下载，常见的有付费下载的游戏或工具类的应用。目前在 VR 应用生态中，大部分游戏或工具类的应用都是采用付费下载模式。

作为应用商店平台方，一般通过与开发者进行应用收入分成的方式来获取收益，如 Google 会提供相应的广告网络联盟，供开发者接入以获取收益。而对于成熟的应用商店，如 Apple 公司的 App Store 中还支持开发者在应用商店中投放广告以获取收益。

6.3.5　应用商店与开放平台

开放平台总是伴随应用商店出现，应用商店和开放平台可以说是一体两面、互为整体，是应用生态的两大重要组成部分（见图 6-12）。

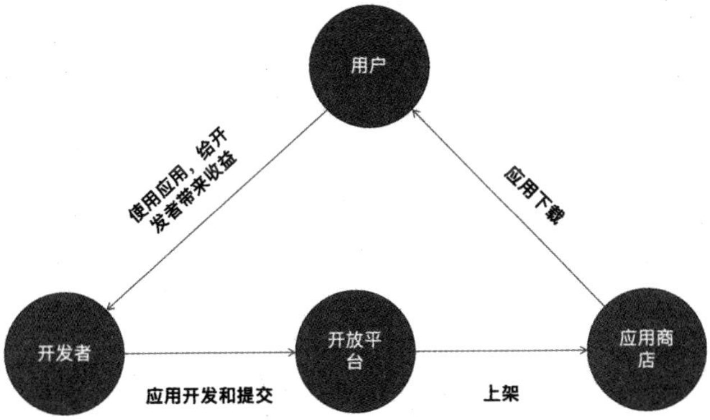

图 6-12　应用生态的组成

开放平台的主要服务对象是应用的开发者，如图 6-12 所示，开发者通过开放平台接入平台能力，使用开发工具开发应用并提交。应用通过平台审核后进入应用商店进行展示和分发。一个开放平台的核心是更好地服务开发者，包括提供清晰、易懂的平台接入开发文档、技术指导，或者提供易用的开发工具，使整个应用生产的过程更加高效。

应用商店则主要面向终端用户。用户可以在应用商店中下载应用，并在应用中查看广告或进行付费，从而为开发者带来收益。有更多的用户在应用中进行付费，就可以为开发者带来更多的收益，这样会激励开发者进行应用开发和迭代，同时会吸引更多的开发者加入，形成更强大的开发者网络，从而开发出更丰富的应用内容。有了更多的应用内容之后，就会吸引更多的用户购买硬件平台或下载应用商店中的应用，从而形成生态的正循环。而这样的正循环会逐步构建更为强大的开发者网络和用户网络，成为平台强大的竞争壁垒。

但是，在现实情况中，这样的正循环很难形成，甚至需要平台方连续数年的投入，而一旦形成，其壁垒和收益是巨大的。平台发展初期的产品成熟度不高，用户体验差，应用内容匮乏，用户也不太愿意为这类产品买单。与此同时，平台早期的开发工具链不完整，没有形成统一的主导标准/平台，也没有很多开发者愿意进行应用开发，因此要为碎片化的平台逐一适配，开发工作量巨大，开发者的网络很难形成。在智能手机发展初期，市面上就出现了包括塞班、Windows Phone、安卓、iOS 等多个平台，这些平台的手机的分辨率、屏幕大小、交互方式各异。但随着技术、产品的日趋成熟，主导标准逐步建立，生态正循环逐步形成，如 Apple 和 Google 此类平台方获取的收益巨大，生态也成了强大的竞争壁垒。在目前的 XR 领域中，也面临着如何形成生态正循环的巨大挑战。

6.3.6 XR 时代的应用生态

在早期的 XR 行业，存在硬件成熟度不够、设备笨重、分辨率不足、视场角小、用户体验差、内容缺乏等问题，只有部分出于尝鲜目的的用户愿意购买，Meta 等此类行业巨头在生态发展上做出了巨大投入，以期推动行业发展，形成生态正循环。一方面通过开发者补贴计划等方式拉动开发者网络，另一方面通过降低用户门槛、不断提升产品的用户体验、推出更平价的设备等方式，提升产品销量，构建用户网络。据估算，自 2019 年以来，Meta 元宇宙业务的 Reality Labs 部门累计亏损已超 500 亿美元（折合人民币约 3500 亿元）。经过近 10 年的努力，在 XR 行业的发展趋势方面已初见成效，在 Meta 及其他厂商的推动下，VR 设备出货量大幅增加，涌现了诸如 Beat Saber、Job Simulator 等收入过亿（美元）的游戏。

XR 时代延续了智能手机时代的应用商店模式，应用商店与硬件设备及操作系统紧密结合，Apple Vision Pro、Meta、PICO 等主流设备依然延续了以应用商店为核心的应用分发模式。XR 时代应用的形态目前还是以原生 App 应用的形态为主。但与智能手机成熟的应用商店不同，目前 XR 行业的应用商店内容丰富度尚且不足，能够看到大部分 XR 硬件厂商采取了以质优先的策略。

前文中介绍了硬件和系统厂商推出的应用商店，以及独立于硬件和系统的第三方应用商店。在现阶段的 XR 领域中，这两种类型的应用商店齐头并进，Meta 公司和 Apple 公司均推出了自身系统预置的应用商店，同时出现了如 SteamVR、SideQuest 的第三方应用商店，目前两种类型的应用商店都拥有一定的用户，其各自的发展情况如下。

1．Meta

Meta 从最开始就发展了自己的应用商店——Quest Store，Quest Store 目前已成为应用最丰富的应用商店，在 Connect 2023 大会上，Meta 开发者关系主管 Melissa Brown 在台上宣布，Quest Store 游戏和应用已经产生了超 20 亿美元的收入（见图 6-13），并进一步指出，在 2023 年年底前，Quest Store 将有超 100 款游戏推出和升级，其中超过一半以上的游戏会包含 MR 内容。

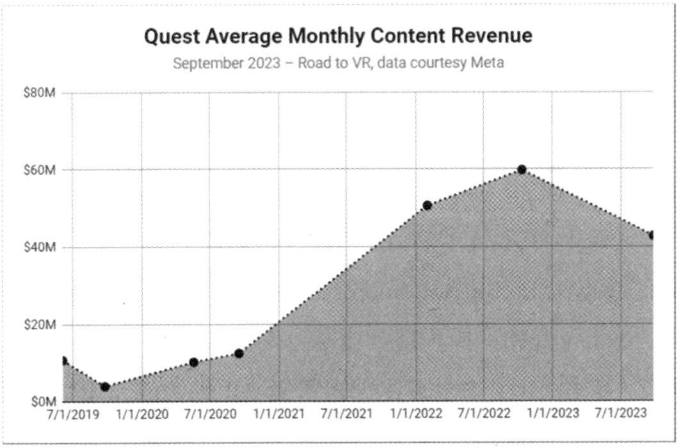

图 6-13　Quest Store 平均月度内容收入

2024 年 4 月，Meta 官方发布公告宣布向第三方硬件厂商开放头显操作系统 Meta Horizon OS，并称其是 Meta 为建立下一代计算平台而付出十年努力的成果。在相关公告中还表示，Quest Store 将更名为 Horizon Store，App Lab 则将在后续阶段成为 Horizon Store 的一个独立子类。

2. Apple Vision Pro

Apple Vision Pro 整体兼容了海外 iOS 手机和 Pad 生态，凭借 Apple 公司在 iOS 上建立的强大优势，目前 Apple Vision Pro 有 100 万个的平面应用和超过 1000 个的 3D 空间应用可供用户下载和使用。同时，Apple Vision Pro 也吸引了 Disney+ 等开发者来开发相应的 3D 空间应用。

3. SideQuest

SideQuest 是全球最大的应用商店，它可以使用户方便地访问 Oculus Store 尚未提供的内容，为开发者提供验证内容和启动社区的试验场。SideQuest 对用户和开发者都是完全免费的，而且将永远如此，它致力于支持 VR 行业发展。

4. SteamVR

Steam 是 Value 公司推出的游戏平台，是独立发展的第三方应用商店，目前取得了一定的成绩。SteamVR 最初是为 HTC Vive 头盔而设计的，但随着时间的推移，它已经扩展支持多种 VR 头显，包括 Valve Index、Meta Quest、Windows Mixed Reality 头显等。依托于 Steam 强大的开发者网络和用户网络，SteamVR 已发展成为一个强大的应用商店。

5. AR 的应用生态

相较于 VR，应用 OST 技术的 AR 的硬件形态还处于早期阶段。在 2021 年以前，诸如 Magic Leap、Microsoft HoloLens、Rokid 等 AR 眼镜厂商更多的是聚焦于 B 端市场。从 2021 年开始，国内诸如 Rokid 等厂商才开始吹响打造 C 端消费级 AR 眼镜的号角，因此 2021 年也被称为消费级 AR 眼镜的元年。经过几代产品的迭代，目前消费级 AR 眼镜的产品形态越来越成熟，发展道路也越来越清晰，但是依然没有出现出货量百万甚至千万的现象级产品。

对消费级 AR 眼镜这样一款面向 C 端市场的产品来说，应用生态通常举足轻重。如何形成应用生态的正循环也是重要的问题。但毫无疑问，建立应用生态的投入是巨大的，这是国内 AR 创业公司无法承受之重。相较于 Meta 和 Apple 等大型厂商，国内诸如 Rokid 的厂商选择了一条完全不同的生态之路。在依托摄像头实现虚拟与现实结合的 AR 体验的应用生态没有成型时，Rokid 等厂商在发展 C 端应用生态的道路上，所做更多的是兼容已有的手机、Pad 和 TV 等安卓生态。从硬件产品和系统方面，考虑更多的是如何与现有生态兼容、打通，尽量降低开发者的适配成本；从用户方面，考虑更多的是如何降低用户学习使用设备的门槛，让没有用过这类产品的用户也能轻松掌握。2022 年年底，Rokid 推出了 Rokid Station，并在海外市场与 Google 合作创立了便携安卓 TV（Portable Android TV）新品类，全面兼容谷歌 TV 生态，2024 年 Rokid 推出了 Rokid AR Lite，其硬件、系统和生态全方位升级，向兼容安卓生态的道路发展，在用户更接受这类产品的基础上渐进式地进行创新，发展 3D 空间计算生态。

XR 的生态之路依然面临诸多挑战，甚至可以说是荆棘丛生。然而回顾一下互联网的发展历史，从功能机时代到现在也才经过了十几年的时间，VR 生态在 2015 年还是一片蛮荒。人类往往会高估一两年内发生的变化，低估五年、十年、五十年甚至更长时间后的变化。道阻且长，行则将至，真正的空间计算繁荣的 XR 时代终将来临。

第 7 章 空间计算时代的各行各业

人类正迈入空间计算时代，这是 VR、AR 和 MR 技术融合的成果，它们将现实世界与虚拟世界无缝融合，彻底改变了工业的运作方式。

空间计算技术在工业中的应用提高了工作效率，优化了生产流程，改善了产品质量。实时数据分析和可视化，可以帮助企业做出更明智的决策，快速地响应市场需求。空间计算技术还为员工提供了更安全的工作环境和更有效的培训方式。

随着空间计算技术的发展，工业领域迎来了前所未有的机遇和挑战。新兴技术的应用不仅创造了新的就业机会，还推动了技能培训和教育体系的革新。

7.1 空间计算技术在智能制造行业的典型应用

经过多年培育，我国在智能制造方面已取得长足进展。从总体上看，我国智能制造发展从初期的理念普及、试点示范阶段进入了试点示范引领、供需两端发力、多方协同推进的新阶段，通过深入推进数字化转型行动、大力实施智能制造工程、开展工业互联网创新发展行动，制造业重点领域的智能化水平不断提升。目前，以上工业企业关键工序数控化率和数字化研发设计工具普及率分别达到 55.7% 和 75.1%。智能制造成为推动我国制造业高质量发展的强劲动力。在智能制造行业高速发展的背景下，数字化、智能化的发展成了企业转型的重要抓手，而近年来飞速发展的空间计算（如 AR）技术为智能制造行业带来了优化和重塑的可能。

对制造业企业而言，构建智能制造系统的核心价值主要体现在降低生产成本、提高生产效率和产品质量方面。基于对生产现场数据与生产工艺、运营管理等数据的综合考量，企业决定减少物料浪费，减轻仓储压力，降低运营成本；通过对“人、机、料、法、环、测”各环节数据的全面采集和深度分析，不断提高生产效率及产品质量。

7.1.1 设备巡检

巡检人员通过空间计算眼镜可以直接看到设备的实时运行数据、历史维修记录和性能指标，有助于快速识别问题所在。

（1）标准操作流程引导：可以将标准化的操作流程和安全规范直接在空间计算眼镜上呈现，以减少人为错误，确保每次巡检都符合作业规范要求。

（2）远程专家协助：在遇到复杂问题时，现场人员可以通过空间计算眼镜将第一视角视频回传给远程专家，专家可以在同一画面中进行标注指导，实现即时沟通，解决问题，减少差旅成本和时间延误。

（3）解放双手：空间计算巡检全过程通过语音进行录入，可外接多种仪器，释放员工双手且避免错记、漏记等问题。

（4）预防性维护：空间计算系统可与设备管理系统、能源管理系统、生产系统等进行对接，可根据设备数据预测潜在故障，提前安排维护，避免突发故障造成的生产中断，降低维修成本和运营风险。

（5）数字化记录与分析：巡检过程中的数据和图像可以被记录并上传至平台，便于后续分析、审计和持续改进，同时为企业的知识管理和决策支持提供数据基础。

（6）提高生产效率：减少设备停机时间、加快故障诊断和修复速度，使空间计算巡检直接促进了生产效率的提高。

（7）降低运营成本：通过预防性维护和减少对现场专家的依赖，企业可以有效控制维修成本，同时提高设备可靠性并延长寿命。

7.1.2 空间计算应用设备维修

（1）直观的维修指引：可以将维修手册、零部件信息、拆解步骤等直接叠加显示在空间计算眼镜上，维修人员只需佩戴空间计算眼镜，即可看到应如何操作，大大简化了复杂的维修流程，降低了误操作风险。

（2）远程专家协助：当现场维修人员遇到难题时，可通过空间计算眼镜实时传输现场画面给远程专家。专家可以在同一视角下进行标记、注释或指导，实现"所见即所得"的远程协作，快速解决疑难问题。

（3）故障预测与预防：结合物联网（IoT）和数据分析技术，空间计算系统可以实时监控设备状态，预测潜在故障，并通过空间计算界面展示预警信息，指导维修人员进行预防性维护，减少突发故障的发生。

（4）信息透明化：空间计算系统可以实时显示设备的运行数据、维护历史记录、零件库存状态等信息，帮助维修人员全面了解设备状况，做出更加精准的决策。

（5）提高工作效率与安全性：减少查阅纸质手册的时间，即时获取所需信息，使得维修工作更加流畅，同时减少维修人员在危险区域内的停留时间，提高工作场所的安全性。

（6）资产管理与维护记录：空间计算系统可以记录每次维修活动，包括操作步骤、更换的零件、维修时间等，为设备的全生命周期管理提供了详细的数据支持，以便后续的分析和优化。

7.1.3 远程验收/出厂检验/远程建造

（1）提高验收效率：通过空间计算眼镜，验收人员无须亲临现场即可检查货物或产品，现场人员佩戴的空间计算眼镜可以实时传输现场图像和视频，显著缩短了验收周期，提高了响应速度。

（2）远程专家协助：验收专家可以远程指导，通过空间计算眼镜提供的第一视角查看细节，并利用标注、三维模型叠加等空间计算功能，直接在真实物体上进行指导和批注，实现与现场人员的高效沟通。

（3）减少差旅成本和时间成本：对跨国公司或有多个生产基地的企业而言，空间计算远程验收极大减少了因验收而产生的差旅成本和时间成本，也减轻了环境压力。

（4）标准化与规范化：空间计算系统可以集成验收标准和规范，现场人员可快速查阅相关要求，确保验收过程的一致性和合规性，减少人为错误。

（5）提升质量控制：空间计算技术能够实时记录验收过程，便于后期审核和追溯。同时，远程专家的即时指导有助于发现并纠正潜在的质量问题，确保产品质量。

（6）灵活应对紧急情况：在限制人员流动的特殊情况下，空间计算远程验收成了保证业务连续性和项目进度的关键手段，帮助企业维持运营。

（7）数字化转型的推手：空间计算远程验收作为数字化工具的一部分，促进了企业的数字化转型，提升了整体运营的智能化和自动化水平。

7.1.4　赋能远程售后

（1）即时问题诊断：通过空间计算眼镜，远程专家可以实时查看设备状况，进行问题诊断。空间计算技术允许专家在客户视线中叠加指导信息，如故障部位标识、维修步骤等，实现快速定位问题。

（2）减少现场访问需求：空间计算远程售后大幅度减少了派遣技术人员到现场访问的次数，降低了差旅成本、车辆维护费用和时间损耗。

（3）客户体验优化：快速响应和高效解决问题可以显著提升客户满意度，减少因设备停机而造成的生产损失。此外，客户也可以参与到维修过程中，提升产品透明度和用户信任度。

（4）资源共享与知识传承：维修过程可全程记录，生成知识库，便于未来参考和培训使用，有助于宝贵经验的累积和传承。同时，跨地域的专家资源得以整合，实现高效调度。

（5）服务体系构建：设备售后管理指标针对接听率、回拨率、响应时间进行设置，一线员工可针对远程协作的专家指导过程形成一套完整的服务评价体系。

7.1.5 应用辅助质检

（1）直观可视化：空间计算眼镜可以将产品的设计图纸、规格标准、检测要点等虚拟信息直接叠加到实际产品上，使质检人员能够一目了然地看到哪些部分需要检查，以及如何检查，极大地增强了检测的直观性（见图 7-1）。

（2）精准定位：利用空间计算的空间定位能力，精确指出潜在问题所在，如在复杂的机械组件中准确定位微小瑕疵或装配错误的位置，以减少漏检和误检。

（3）提高效率与准确性：空间计算眼镜可以实时提供检测标准和过往案例，指导质检人员按照正确的步骤和方法进行检查，避免因人为因素而导致的错误，提高检测效率和准确性。

（4）远程专家协助：当现场质检人员遇到难以判断的问题时，可通过空间计算设备与远程专家连线，专家可以在同一视角下看到现场情况，并通过空间计算界面进行标记、注释，指导现场人员操作，实现快速解决问题。

（5）数据记录与分析：在质检过程中，空间计算设备辅助收集数据，这些数据可用于后续的分析工作，帮助企业优化质检流程，预测潜在质量问题，实现持续改进。

图 7-1　佩戴空间计算眼镜辅助质检

7.1.6　辅助装配

（1）提高装配精度和效率：将虚拟的装配指令、三维模型、零件编号、安装顺序等信息直接投射到真实部件上，帮助工人快速理解装配流程，减少安装错误，提高一次装配成功率（见图 7-2）。

（2）数字化工作指导：空间计算眼镜可以代替传统的纸质手册或平板电脑上的指导文档，使得工人无须频繁查阅资料，双手得以自由操作，同时减少操作失误。

（3）适应复杂环境：在航空航天、精密仪器、汽车制造等行业，空间计算眼镜的作用极大，它可以帮助工人在狭小的空间内或在难以直接观察的部位进行精确操作，提升装配的可行性。

（4）即时反馈与质量控制：空间计算眼镜可以实时监测装配过程，对比实际操作与预设标准，及时发现偏差，提供修正建议，有效控制装配质量。

（5）数据记录与分析：空间计算眼镜在辅助装配过程中产生的数据可以被记录并分析，用于持续改进装配流程、优化设计或预测维护需求。

图 7-2　佩戴空间计算眼镜进行装配工作

7.1.7　安全监管

（1）实时监控与指挥：空间计算实景指挥系统可以在监控画面中实时添加虚

拟标记、路径规划、人员定位等信息，帮助监控中心快速了解现场情况，进行精准指挥调度。

（2）隐患排查：对可能存在的不安全因素、缺陷或潜在的危险源进行系统的识别、评估和处理，预防事故发生，确保运行过程的安全稳定。

（3）风险评估与预防：结合物联网和大数据分析，空间计算系统能够实时分析设备运行情况，预测潜在的安全风险，通过空间计算界面直观展示预警信息，辅助决策者快速采取预防措施。

（4）紧急救援指导：在急救、应急演练等紧急情况下，空间计算眼镜可以为救援人员提供现场环境的实时信息，如火源位置、被困人员位置、最优逃生路径等，提高救援行动的效率和安全性。

（5）统一入口与管理平台：构建统一的空间计算安全技术启动平台，以便所有相关应用的集成与管理，提高系统的兼容性和扩展性，形成行业标准，降低用户学习成本和维护复杂度。

7.1.8 物流分拣

（1）提高效率与准确率：在分拣人员的视野中显示货物的识别信息、存放位置和分拣路径，大幅减少寻找时间和错误，提高分拣效率和出库准确率。

（2）解放双手操作：分拣人员佩戴空间计算眼镜后，无须手持设备，双手得以自由操作，提高了作业的灵活性和舒适度，尤其是在需要频繁弯腰、搬运重物的环境中。

（3）数据可视化：空间计算眼镜可以实时显示库存状态、订单优先级等关键数据，帮助管理人员和一线员工快速做出决策，优化物流流程。

7.1.9 工作培训

（1）安全的学习环境：学员可以在真实的工作场景中结合 3D 模型进行培训操作，且不会影响实际的业务运行，特别适合高风险行业的培训（见图 7-3）。

（2）互动性和参与性：空间计算培训的新颖性可以吸引学员的注意力，提高其参与度和学习兴趣。通过互动操作，学员可以更直观地理解和掌握知识技能。

（3）移动性：空间计算培训内容通常可以轻松地显示在空间计算眼镜上，不受时间和地点限制，随时随地进行培训，提高灵活性和便利性。

（4）提高培训效率：通过直观的空间计算可视化教程，学员可以更快地学习操作流程，减少培训时间和成本，降低入职门槛。

（5）教材高度互动性：空间计算培训内容以三维模型和多媒体素材为主，减少对传统纸质材料的依赖，使培训过程更加生动有趣。

（6）操作流程规范：空间计算可以设定标准化操作流程，确保学员遵循正确步骤，提升工作质量，强化企业标准操作程序（SOP）的执行。

（7）知识库沉淀：在培训过程中积累的数字化内容有助于构建企业内部知识库，以便后续检索和重复利用。

图 7-3　培训场景

7.1.10　企业展厅

（1）沉浸式体验：空间计算展厅可以在真实环境中叠加图像、音频、视频等多媒体内容，为参观者营造一种仿佛置身于一个充满创意和想象的混合现实之中的沉浸式体验，大大增强了展览的吸引力和趣味性。

（2）交互性增强：参观者可以通过空间计算眼镜与展品、设备进行互动，通过手势、声音等直观的人机交互方式，参观者可以探索和操控虚拟信息，此类互动不仅增强了参与感，还让信息传递更加生动。

（3）信息多样性：空间计算展厅能够以直观且易于理解的方式展示复杂的信息，如将文字描述、历史背景、设备工艺等多维度信息与展品结合，使展示内容丰富多彩（见图 7-4）。

（4）灵活性与成本效益：空间计算展厅不受物理空间限制，可以灵活地在任何现有展厅或开放空间内设置，显著降低了实体搭建的成本和时间消耗，同时可以随时调整和更新展览内容，保持展览的新鲜感和时代感。

（5）个性化体验：空间计算技术可以根据不同参观者的偏好和需求提供定制化的展览内容，确保每位参观者都能享受到为其量身定制的展览内容，这在一定程度上也提高了参观者对展厅的分享欲。

图 7-4　空间计算展厅

7.1.11　工厂漫游

（1）沉浸式体验：空间计算技术将虚拟信息融合到物理环境中，使参观者如同身临其境，近距离观察生产线的运作、设备的工作原理及产品的制造过程，获得更直观、生动的参观感受（见图 7-5）。

（2）直观性：直接进入生产现场，使参观者亲眼看到产品如何从原材料变为成品，直观感受到生产流程的连贯性和工艺的精细度。

（3）互动性：部分工厂漫游提供互动环节，如通过问答操作或参与体验活动等环节，增强参与感和学习效果。

（4）安全性：在确保生产安全的前提下精心安排参观路线，避免进入高危区域，同时讲解安全规范，提高安全意识。

（5）教育与宣传：不仅对外展示企业的品牌形象和生产实力，还对内进行员工教育和企业文化宣传。

（6）客户展示与营销：根据不同访客群体的具体需求，提供定制化的参观内容，提供更贴合其兴趣和目的的信息。

（7）数字孪生：结合数字孪生技术，空间计算工厂漫游可以展现一个与现实工厂完全对应的虚拟工厂模型，为管理者提供一个强大的工具，以进行生产规划、设备监控和流程优化等关键任务。

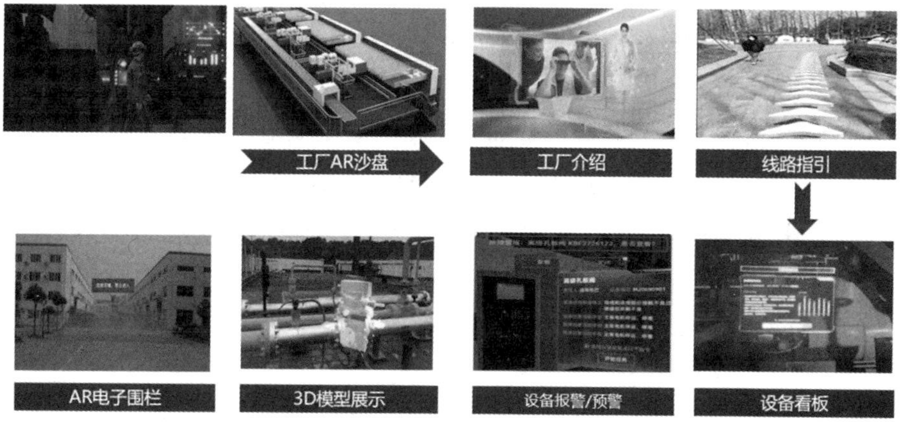

图 7-5　工厂漫游

7.2 空间计算技术在石油化工行业的典型应用

石油化工行业是现代工业和社会发展的关键基石，在全球经济中占据重要地位。它不仅是交通运输、发电、供暖等领域的主要能源供应者，保障了能源安全和社会稳定，其生产的基础化学品如乙烯、丙烯等，还是塑料、合成纤维、橡胶、医药等众多领域的核心原料，支撑了广泛的工业链条。

石油化工行业规模大，且生产风险高、安全要求严。当前，我国的石油化工行业正从大规模扩张转向高质量、高效率、高附加值的发展模式，企业不断完善产业结构，向着高端化、集群化、智能化、绿色低碳化的方向迈进。

在这一高速发展的进程中，数字化、智能化已成为企业转型的关键着力点。近年来，迅速崛起的空间计算技术，为传统石油化工行业带来了优化和重塑的新机遇。例如，通过空间计算技术对生产流程进行模拟和优化，能够有效降低生产风险，提高生产效率。

空间计算技术在石油化工行业的应用场景非常广泛，可覆盖巡检、维修、安全监管、员工培训等多个方面。

7.2.1 空间计算辅助巡回检查

巡回检查是保证现场运行的基础工作，作业人员需频繁、不间断地对现场进行巡检。在巡检场景下，作业人员可通过 AR 眼镜直接查看需巡检的设备点位、巡检要求、设备实时运行数据信息，实现“所见即所得”的业务模式（见图 7-6）。

（1）巡检指引：通过 AR 技术结合空间定位等应用，可实现巡检过程中的全程导航指引，降低作业门槛，提高作业标准。

（2）数据查询：AR 眼镜可查询设备的历史巡检数据、设备台账、IoT 实时数据等信息，辅助作业人员完成巡检。

（3）AI 识别：AR 眼镜集成智能图像识别算法，可对巡检点位进行自动识别分析，判断设备状态。

（4）远程协作：在作业过程中可随时与内操人员进行远程语音通信，高效协同。

（5）业务闭环：巡检作业完成后可自动形成巡检报告与作业过程记录，支持全过程回溯，确保作业质量，实现业务闭环。

图 7-6　巡回检查

7.2.2　空间计算赋能检修作业

传统的检修过程大多通过纸质记录、电话沟通进行，完成后还需进行情况汇总和反馈报告。在通过 AR 眼镜进行设备检修作业时，作业流程全程指引，可提高作业效率，提高检修质量，全面确保作业流程的合规与高效。

（1）故障排查辅助：依据标准化的检修作业方案，为作业人员提供故障排查辅助，指引作业人员完成各设备的故障排查工作。

（2）AI 语音助手：AR 眼镜结合 LLM 模型，为现场检修作业人员提供 AI 语音助手。由 AI 语音助手辅助与指导作业人员快速完成作业任务。

（3）专家远程指导：在检修过程中遇到设备故障或其他特殊情况时，可直接远程与专家连线，实现第一视角的实时同步协作，快速解决现场问题（见图 7-7）。

（4）作业验收：在现场作业完成后，可通过 AR 眼镜进行远程的作业成果验收。验收人员远程通过手机或计算机进行验收工作，逐项进行验收并记录，形成验收报告。

图 7-7　专家远程指导

7.2.3　空间计算守护企业安全

在安全管理方面，AR 眼镜可为监管人员提供人脸识别、过程记录、AI 识别等功能，帮助监管人员更好地完成监管工作，固化违章证据。同时，可通过 AR 眼镜进行多方联合远程监察，在安全监管完成后可自动生成报告与过程记录，做到透明安全管理，并在加强监管力度的同时提高监管人员的作业质量，避免监而不管等现象发生。

（1）高危作业管理提示：针对高危作业过程中的关键节点，AR 眼镜可以为监管人员提供关键节点提示，以确保作业安全（见图 7-8）。

图 7-8　高危作业关键节点提示

（2）监管辅助识别：集成人脸识别、风险识别等算法，监管人员佩戴 AR 眼镜可直接无感查询作业人员的作业信息、资格证、入场信息、安全交底记录等，确保现场作业安全、合规。

（3）联合安全巡查：可通过 AR 眼镜进行多方联合远程监察，多级别管理人员可通过手机、计算机等多种方式随时查看现场作业情况，督促现场员工安全、合规地完成作业。

7.2.4　空间计算助力员工培训

AR 眼镜在培训方面的应用也是多样的，既可以用于模拟真实操作环境的沉浸式培训，又可以用于虚实结合的增强型实训。AR 眼镜可用于生产操作培训、标准化作业培训、安全风险与应急管理培训等多个方面。

（1）生产操作培训：将真实设备与虚拟场景结合，AR 眼镜可为员工提供可视化、交互式的操作培训（见图 7-9）。

图 7-9　生产操作培训

（2）标准化作业培训：依据标准化作业流程，可构建 AR 实训、AR 考核、系统评价为一体的标准化培训体系。

（3）安全风险与应急管理培训：通过模拟各种紧急情况和安全隐患，提高员工的安全意识和应急响应能力。

7.2.5 空间计算切实解决企业痛点

长庆油田是中国第一大油田，年产油气当量超过 6000 万吨，分布在陕西、甘肃、宁夏、内蒙古等地，拥有员工 7 万余人。长庆油田目前正处于传统运维模式向无人值守模式的转变过程，在传统的现场管理模式中，每个井站现场都需要驻场运维，而目前无人值守的运维模式则通过流动运维组结合智能化手段进行流动巡检，该模式在减员增效方面产生了较好的效果。

但随着无人值守模式的应用实行，在运行时出现了相应的问题。在传统管理模式下，根据现场设备划分专业，配备相应人员，每个人员负责各自专业的相关业务。但由于流动巡检的工作模式，无人值守模式的实行对运维人员提出了更高的要求。运维人员需要对各专业设备都具备基础的运维能力。

针对这一实际问题，长庆油田率先采用了现场辅助运维结合 AR 实训的空间计算解决方案，旨在打造油气行业的新质生产力。

1. 现场辅助运维——助力运维新模式的实行

为解决运维人员对能力、专业技术素养要求越来越高的问题，针对该运维模式提出了简单故障排查、疑难问题处理、作业质量保证的综合应用方案。

（1）简单故障排查：在设备故障手册、操作说明手册等专业资料中提取不同专业、不同类型的设备故障排查方法，实现作业现场的故障排查引导，AR 眼镜可根据现场设备为运维人员提供简单的故障排查指引。

（2）疑难问题处理：针对现场的非常见问题，作业人员可直接远程与专家连线，实现第一视角的实时协作，快速解决现场问题。同时，问题处理过程可作为参考数据，形成该问题的操作指导说明。

（3）作业质量保证：为确保现场的作业质量，运维人员在作业完成后可远程发起作业验收，验收人员可根据验收标准逐项验收作业内容，并留存记录，验收完成后会自动生成作业报告与验收报告。

通过上述应用方案，可全面解决运维新模式中人员现场故障处理效率较低、处理质量难以保证的问题。

2. “培考评”一体化培训体系——全面提升人员能力

为全面提升传统工人的业务能力，构建了课程快速编辑、可视化实操培训、“培考评”一体管理的全流程培训体系。

（1）课程快速编辑：基于已有的标准化作业管理体系，快速导入、编辑 AR 培训课程，形成全程引导的 AR 标准化课程体系。

（2）AR 实训：培训人员佩戴 AR 眼镜进行现场实训，根据课程指引完成学习任务（见图 7-10）。

（3）考核评价：培训完成后自动下发考卷，记录实操过程并形成答卷，由考官平台对考生进行课程评价。

图 7-10　AR 实训

7.3 空间计算技术在电力行业的典型应用

近年来，我国高度重视 AR 技术的产业发展，出台了一系列相关政策，支持鼓励虚拟现实赋能各产业和重点场景，实现创新发展。电力行业由于自身能源属性的特质，行业内大部分企业均为国有企业，在国家的鼓励与支持下，一系列具有指导意义的政策为我国 AR 产业在电力行业的发展保驾护航。

国务院国有资产监督管理委员会在《关于加快推进国有企业数字化转型工作的通知》中要求国有企业在技术、管理、数据、安全四个方面加强对标，着力夯实数字化转型基础，通过融合 5G、物联网、大数据、人工智能、数字孪生等新一代数字化技术，打造行业数字化转型示范样板，对产业与行业变革起到引领、带动作用。

中华人民共和国工业和信息化部、中共中央网络安全和信息化委员会办公室、中华人民共和国国家发展和改革委员会、国家能源局等十部门联合印发了《5G 应用“扬帆”行动计划（2021—2023 年）》，推进 5G 模组与 AR/VR、远程操控设备、机器视觉、AGV 等工业终端的深度融合，支持 5G 在质量检测、远程运维、多机协同作业、人机交互等智能制造领域的深化应用，不断强化示范引领，推动成熟模式在更多行业和领域复制推广。

工业和信息化部等五部门联合印发《虚拟现实与行业应用融合发展行动计划（2022—2026 年）》表示，虚拟现实（含增强现实、混合现实）是新一代信息技术的重要前沿方向，要以虚拟现实核心软硬件突破提升产业链韧性，以虚拟现实行业应用融合创新构建生态发展新局面，为制造强国、网络强国、文化强国和数字中国建设提供有力支撑。

得益于政策的强力推动，虚拟现实产业正加速发展，其中 AR 技术在电力行业的深度融入尤为显著。5G 网络与大数据基础设施的日趋完善，为电厂搭建了实时高速通信的桥梁，而电厂早先的信息化与数字化转型为此奠定了坚实基础。在此基础上，AR 技术巧妙地将这些资源——包括历史数据、专业知识和优化算法——转化为一线工作人员的超级能力，极大地提高了工作效率，充分挖掘并实现了既有资产的价值，为业务流程注入了新的活力。

AR 技术现已广泛渗透电网、水电、火电、风电、核电等多个行业，在智慧运维、智能检修、应急处理、远程监造、仿真培训、物联网数据分析、智能预警、远程技术支持、数字孪生技术应用、知识图谱构建、人员精准定位、增强现实展示、安全管理等诸多场景中大显身手（见图 7-11）。研究数据表明，AR 技术的应用能够使电厂的工作效率明显提高，操作失误率降低 30%，同时显著降低了作业中的各类风险，极大地增强了现场运维与管理水平。

图 7-11　核电行业应用场景

总体来看，AR 技术在电力行业的应用前景广泛，它不仅有力促进了作业效率与安全水平的双重提升，更为电力行业开拓了全新的商业模式与增长空间，这预示着一个充满潜力与机遇的新时代即将到来。

7.3.1　空间计算技术在核电行业的应用场景

（1）设备管理：利用 AR 技术，设备巡检与资产管理得到了革新。现场工作人员通过佩戴 AR 眼镜，能够迅速扫描设备上的二维码或 NFC，以获得设备的全面信息，包括详细规格、过往维修记录、最新运行状态及定制的巡检路径。AR 系统不仅突出显示需密切关注的组件，还预警潜在故障区域，并能够虚拟重现设备内部构造，极大地便利了故障诊断。这不仅提高了巡检的速度和精确度，还可以通过增强的预防性来维护设备。

（2）技术支持：当现场遇到复杂技术问题时，通过 AR 眼镜，现场人员可以将自己视野中的画面直播给远程专家，专家则可以在视频画面上直接标注指导信息或叠加维修指南，实现“所见即所得”的远程协助。这大大缩短了专家到场时间，降低了出差成本，同时提高了问题解决速度，保证了技术支持的及时性和有效性（见图 7-12）。

图 7-12　远程专家技术支持

（3）环境应急：在模拟应急演练中，AR 技术模拟真实灾害场景，如放射性泄漏、火灾等，使员工能够在安全的环境中熟悉应急流程，学习如何使用防护装备和应急设施。这提高了应急响应能力和员工的安全意识，减少了实际应急行动中的混乱和风险，保障了人员安全。

（4）安全质量：在施工和质量检查环节，AR 眼镜帮助员工准确对照设计图纸，进行精准安装和校验，同时通过标记不合规的或潜在的风险区域，确保施工质量（见图 7-13）。这减少了因误解图纸或施工错误而导致的质量问题，提高了核电站建设的安全性和合规性。

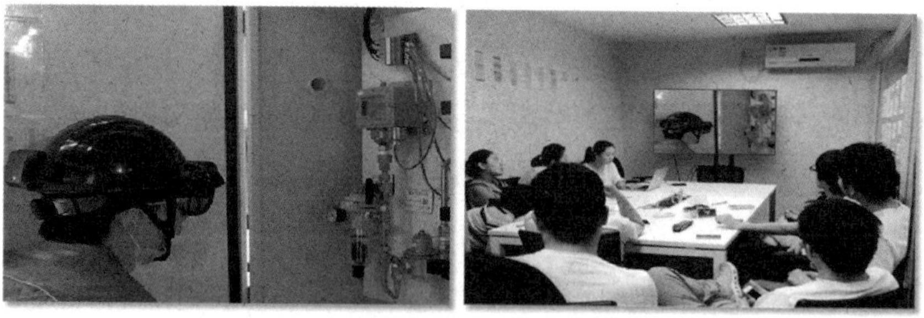

图 7-13　远程安全质量检查

（5）高危作业监管：使用 AR 眼镜进行全程监管。安全监护人员在现场进行监管作业时，需要全程记录监管过程。关键过程数据会得到智能提醒并被强制记录，记录完成后会进行核查，确保作业安全。所有作业过程都会被全程录像，并接入现有数据系统，方便后续追溯查看。远程人员可以通过 AR 眼镜指挥现场人员进行安全检查和监护工作，弥补固定监控的不足。管理人员可以随时调阅一线人员的工作画面，将 AR 眼镜作为移动“哨兵”使用（见图 7-14）。

图 7-14　高危作业监管

（6）日常巡检：在核电站的日常巡检中，AR 技术能够彻底改变传统的检查方式（见图 7-15）。巡检人员佩戴的 AR 眼镜与核电站的维护管理系统相连，能够实时接收并展示每个巡检点的详细信息。当巡检人员接近某个设备时，AR 眼镜会自动识别该设备，屏幕上会即时显示该设备的三维模型、最近的维护记录、当前工作状态，以及任何已知问题或预警信息。此外，系统还会引导巡检人员按照最优路径进行巡检，并通过视觉提示（如颜色编码或图标）指出需要特别注意的检查点，如温度过高的区域会被标红提示。

图 7-15　运行日常巡检

（7）电气倒闸操作：电气倒闸操作是核电站维护工作中极为重要且复杂的任务，涉及高压电气设备的切换，操作不当可能引发重大安全事故。应用 AR 技术，操作人员在执行电气倒闸操作前，可以通过 AR 眼镜预览整个操作过程的模拟动画，包括开关设备的位置、正确的操作顺序及需要注意的安全事项。在实际操作过程中，AR 眼镜会在操作员的视野中高亮显示当前需要操作的电气设备，同时通过语音指令或图像标签指导具体操作步骤，确保每一个步骤都正确无误（见图 7-16）。

图 7-16　电气倒闸操作

（8）维修管理：在维修任务中，AR 眼镜不仅可以提供详细的维修步骤和零部件信息，还可以通过手势识别功能，让维修人员在无接触的情况下查阅资料、记录维修进展，保持双手清洁，这特别符合核环境下的特殊要求。AR 眼镜的使用降低了维修难度，提高了维修作业的效率和安全性，同时确保了维修记录的完整性和准确性。

（9）技能培训：利用 AR 技术创建虚拟实训环境，新员工可以在模拟的核电站内进行实操练习，包括设备操作、故障排除等，获得接近真实情况的培训体验。AR 技术解决了传统培训成本高、风险大、效果有限的问题，加速了员工技能成长，提高了培训效率和效果（见图 7-17）。

图 7-17　技能培训

7.3.2　空间计算技术在火电行业的应用场景

（1）智能两票：AR 结合设备数据库为操作人员提供实时互动指导，AR 指向现场设备即可自动识别并推荐操作步骤，提示注意事项，AR 指示确保操作按票证有序执行，避免错误。AR 眼镜显示隔离点、安全措施位置，确保操作安全。现场 AR 视图可远程监控，即时纠正偏差。AR 眼镜自动记录操作细节，生成电子记录与操作回放，便于审核与培训。整合票证与运维数据生成 AR 报告，帮助管理层评估改进。AR 模拟训练提升两票制度执行力，标准化示范强化规范操作认知，全面保障作业效率与安全。

（2）智能巡检：AR 可以为巡检人员提供实时的设备状态信息、维护提醒、故障预警等，通过扫描设备二维码或 NFC，可自动加载相关数据和维修手册，提高巡检效率；AR 还可以集成人工智能助手，提供语音或手势交互，解答运行中遇到的问题，提示最佳操作建议，甚至预测潜在故障，以辅助操作人员做出决策（见图 7-18）。

（3）远程协作：现场技术人员佩戴 AR 眼镜，与远程专家共享第一视角视图，专家可通过 AR 界面添加注释、标记或实时指导，帮助技术人员解决复杂问题，减少停机时间。

图 7-18　智能巡检

（4）三维维修指南：AR 技术将复杂的维修步骤、零件替换顺序等，以三维动画形式直接投射到实际设备上，为技术人员提供直观的操作指引，降低错误率。

（5）危险警示：AR 系统可以实时标记工作区域内的危险源、限制进入区域、安全距离等信息，增强作业人员的安全意识。

（6）应急演练：通过 AR 应用模拟火灾、泄漏、电气故障等突发事件，进行沉浸式的应急演练，提高员工应对突发情况的能力。在紧急情况下，AR 应用可提供逃生路线、消防设施位置、急救设备指引等关键信息，辅助员工快速、正确地执行应急方案。

（7）仿真培训：利用 AR 应用创建虚拟电厂环境，学员可以在其中进行设备操作、故障排查、应急处置等模拟训练，获得接近真实情况的实践经验。AR 应用可以将抽象的电力原理、设备结构等知识转化为三维模型，进行动态演示，提升学员对知识的理解程度和记忆程度。通过 AR 互动测试和模拟任务，对学员的操作熟练程度和知识掌握程度进行量化评估，为个性化培训提供依据。

（8）互动参观导览：针对重要接待或成果展示，AR 应用可提供虚拟导览服务，通过扫描特定标识点，展示电厂发展历程、工艺流程、节能环保成果等信息，提升参观体验。

7.3.3　空间计算技术在水电行业的应用场景

（1）设备检修与维护的智能化升级：通过 AR 设备，现场工程师可直接“透视”设备内部结构，实时获取故障点信息、零件编号及更换教程。这种直观的可视化指导大大缩短了故障排查时间，减少了因人为判断失误而导致的维修延误；面对复杂问题，现场工程师可利用 AR 头显邀请远程专家进行实时指导。专家不仅可以看到现场情况，还可以在工程师的视野中叠加指示标记或文本说明，实现高效沟通与协作，有效解决了地域限制问题；结合大数据分析与预测模型，AR 系统可提前预警潜在故障，通过 AR 设备展示需重点关注的设备部位，引导工作人员进行预防性检查与维护，从而减少意外停机，保障电站稳定运行，如利用 AR 设备进行 SOP 拆装指导（见图 7-19）。

图 7-19　SOP 拆装指导

（2）安全培训的沉浸式体验：构建高度仿真的虚拟事故场景，如水淹、电气故障、机械伤害等，让员工在安全的环境下亲身体验紧急情况，学习正确的应急处理流程，增强安全意识和应对能力。利用 AR 技术，将枯燥的安全操作规程转化为互动性强的三维演示，员工可通过手势控制来学习操作步骤，加深记忆，增强培训效果。

（3）智能资产管理与高效巡检：AR 设备配合物联网传感器，可实时显示设备的运行状态、维护周期等信息，巡检人员通过扫描设备上的二维码或 RFID 标签，可获取详尽的维护历史记录，及时发现并处理问题（见图 7-20）。根据设备状态及巡检优先级，自动生成最优巡检路线，通过 AR 导航指引巡检人员高效完成任务，同时支持即时记录巡检结果并上传至生产管理系统，以便数据分析与决策支持。

图 7-20　智能资产管理

（4）环境监测与灾害预警系统的创新：整合卫星遥感、气象站和水文监测数据，通过 AR 界面直观展示周边地形变化、河流水位、水质指标等关键信息，为决策者提供科学依据。在遭遇洪水、滑坡等自然灾害时，AR 系统可快速生成受影响区域的三维模拟图，标注疏散路线和安全区域，辅助现场人员快速制定避险策略，减少人员伤亡和财产损失。

（5）公众教育与形象提升：通过 AR 眼镜可在水电站范围内探索其运作机制，从发电原理到生态保护措施，感受清洁能源的魅力。结合 AR 故事和互动游戏，寓教于乐地普及水资源保护、节能减排的知识，提高公众的环保意识，促进社会对水电站正面形象的认识。

7.3.4　空间计算技术在风电行业的应用场景

（1）资产管理和巡检：结合物联网技术，AR 设备可以实现对风电设备的智能识别与追踪，帮助巡检人员快速定位设备。通过 AR 界面可查看设备的维护历史、当前状态及未来维护计划，使得资产管理和日常巡检更加系统化、智能化，如在升压站区域中的巡检就应用了 AR 设备（见图 7-21）。

图 7-21　升压站区域中的巡检

（2）设备维护与故障诊断：AR 技术可以将风电设备的虚拟模型叠加在实际设备上，维修人员通过佩戴 AR 眼镜或使用移动设备，可直接查看设备的运行状态、故障代码解析、维修步骤指导等信息。这不仅省去了查阅手册的时间，还提高了故障诊断和维修的准确性与效率。

（3）远程专家协助：在复杂的维修场景中，现场工作人员可以通过 AR 设备实时分享第一视角视频给远程专家。专家可以在屏幕上看到现场情况，并通过 AR 设备标注，如同亲临现场一般指导现场人员操作。这大大缩短了故障处理时间，降低了因技术人员往返现场造成的成本和时间消耗。

（4）培训与教育：利用 AR 技术，可以创建虚拟的风电站环境，为学员提供沉浸式的培训体验。学员可以在虚拟环境中学习风电设备的结构、工作原理及维护流程，进行模拟操作练习，既安全又高效，显著提高了培训效果。

（5）安全检查与风险评估：通过 AR 应用，可以在现场实时标注潜在的安全隐患区域，如高电压区域、受限空间等，提醒工作人员注意安全，同时可以用于模拟紧急疏散路线，提高应急响应能力。

7.3.5 空间计算技术在电网行业的应用场景

（1）设备巡检与维护：利用 AR 眼镜或移动设备，工作人员可以在现场直接查看变电站设备的虚拟信息，如实时运行状态、历史维修记录、故障预警等，实现快速故障诊断与定位。同时，AR 眼镜或移动设备可以提供交互式的维修指南，指导技术人员完成复杂的维护任务（见图 7-22）。

图 7-22 设备巡检与维护

（2）安全培训：通过 AR 设备模拟高风险操作场景，如高压设备操作、紧急事故处理等，让员工在安全的环境下接受实战训练，提高应对突发事件的能力。

（3）远程专家协助：在遇到复杂问题时，现场工作人员可借助 AR 应用与远程专家进行实时视频通信，专家可在工作人员的视野中叠加指示标记或图纸，进行精确指导，缩短故障解决时间。

（4）故障定位与抢修：在发生线路故障时，AR 系统可根据监控数据标示故障点，并提供最优路径导航。现场人员可凭借 AR 设备的辅助快速识别故障部件，参照虚拟维修手册进行修复工作。

7.4 空间计算技术在医学中的典型应用

AR/MR 技术在医学领域的应用正逐步展现其深远影响，从模拟教学、急救治疗、手术辅助到康复治疗，AR/MR 技术正引领医学进入一个全新的交互时代。

7.4.1 空间计算技术重塑医疗模拟教学新维度

1. 空间计算技术在医疗模拟教学领域的应用场景

AR/MR 设备作为下一代通用计算的智能终端，正逐步影响并深刻改变着医疗教育的格局，在医疗模拟教学领域，AR/MR 技术的应用如同一场无声的革命，它以自身独特的方式融合虚拟与现实，为医学生和医护人员的学习与培训开辟了全新的视野和可能。AR/MR 技术不仅带来了独特的沉浸式体验和虚实融合的交互能力，而且融合了云计算和人工智能，打造了数字智能化的可视化指导和智能化评价的教学模式，从而为学生打造沉浸式体验空间，帮助老师实现非现场指导。

（1）沉浸式解剖学习：传统医学解剖依赖于实体标本或二维图谱，而 AR/MR 技术则将人体结构以 3D 形式立体呈现，使学生可以在虚拟环境中自由探索每一个器官、每条血管与神经。这种身临其境的学习方式，不仅解决了实体资源的局限性，还极大地提高了学习的直观性和记忆效率。学生可以反复操作、拆解和重组虚拟人体模型，加深对复杂解剖结构的理解。

（2）互动式临床思维训练：借助 AR 技术，传统的临床技能训练，如心肺复苏、静脉穿刺等项目被赋予了新的生命。学生可以通过 AR 设备，在虚拟病患身上实践操作，系统会实时反馈操作是否准确，甚至模拟不同病情下的反应变化，使学习过程更加贴近实际临床情境。这种互动式的训练方式，既保证了学习的有效性，又避免了真人操作可能带来的风险。

（3）高仿真手术模拟：在手术模拟训练中，AR/MR 技术可以将病患的实际扫描数据转化为虚拟现实场景，模拟出近乎真实的手术环境。学生可以在无风险的条件下，练习手术步骤，学习关键解剖标志，甚至模拟应对手术中可能出现的各种突发状况。这种高仿真模拟不仅提高了手术技能的培训效率，还极大地增强了学生的自信心和应急处理能力。

（4）互动式病例讨论：通过 AR/MR 技术，全球的医者可以共享一个虚拟空间，共同探讨复杂病例。参与者可以从不同角度、不同层面观察病灶，进行实时交流与标注，使得病例分析更加全面、深入。这种跨地域的互动学习模式，促进了知识的快速传播与经验分享，加速了医学教育的国际化进程。

（5）情景式多人演练：AR 设备可以模拟地震、火灾、洪水等灾害现场，从而使救援人员在安全的环境下开展快速评估灾情、制定救援方案、实施救援行动的应急处置团队协作。在此情景环境中，AR 设备可以创造多个个体的模拟紧急医疗情况，如心脏骤停、严重创伤等，让医护人员在高度仿真的情境下进行急救技能训练，包括心肺复苏、创伤处理等，确保在真实情况下可以迅速、准确地采取正确的治疗方案和联合行动，促进参与者之间的沟通与协作，增强团队凝聚力。

2. 空间计算技术在医疗模拟教学领域的价值体现

（1）提高教学效果：AR/MR 技术使抽象的医学知识具体化、动态化，极大地提高了学习的趣味性，加深了理解深度。

（2）降低培训成本与风险：由虚拟模拟替代部分实操训练，减少了对昂贵医疗设备的依赖和因操作失误而导致的风险。

（3）促进个性化学习：根据学习者的能力和进度，提供定制化的学习路径和反馈，满足不同层次的学习需求。

（4）增强团队协作：模拟真实医疗环境中的团队合作，提升医护人员之间的沟通与协同作业能力。

（5）提高授课效率：AR/MR 技术融合 AI，可以构建指导老师对应的现场虚拟数字分身，打造非现场的一对一互动式指导，减少教学工作所占用的时间。

AR/MR 技术的应用，不仅是对传统医疗教育模式的颠覆，更是对未来医学人才培养模式的积极探索。它不仅能够有效提高医疗教育的质量与效率，更为构建智慧医疗教育体系奠定了坚实基础。随着技术的持续进步和普及，AR/MR 技术在医疗模拟教学领域中的应用将越来越广泛。

7.4.2 空间计算技术创造医疗急救领域新纪元

在生死攸关的急救时刻，每一分每一秒都至关重要。急救现场的资源往往在人数和技能上相对缺失，而 AR/MR 技术的引入，为急救领域的远程医疗开辟了前所未有的可能性。它像一座桥梁，瞬间拉近了急救现场与专业医疗资源的距离，实现了即时的多学科专家远程指导和支持，同时借助 AR/MR 联网平台，可助力现场医生获得与病例相关的专业急救知识，提高急救效率与成功率。

1. 空间计算技术在医疗急救领域的应用场景

（1）即时远程指导：当急救人员到达现场，面对复杂伤情或特殊病例时，通过 AR/MR 眼镜或头显，可以立即连线远程专家。专家能够在急救人员的视野中叠加图像、文字或 3D 模型，进行实时的诊断提示和救治步骤指导。这种“所见即所得”的指导模式，让急救措施更加精准、迅速，可以有效避免误诊或不当处理，为患者赢得宝贵的救治时间。

（2）精准定位与评估：AR/MR 系统能够辅助急救人员快速识别患者的受伤位置及严重程度。例如，通过扫描患者伤口，AR 系统可以自动识别出血量、骨折类型等，并提供相应的处理意见。对于内伤或隐蔽性伤害，AR 系统结合医疗影像资料，可直接在患者身体上投射出受伤器官的 3D 图像，帮助急救人员进行更为精确的评估和决策。

（3）标准化流程引导：在紧张的急救环境中，遵循正确的救治流程极为关键。AR/MR 系统可以根据急救指南，实时投射出救治步骤，如 CPR（心肺复苏）的标准操作流程，以确保每个动作都规范到位。这对经验较少的急救人员而言是极大的助力，减少了因慌乱或不熟悉流程而导致的失误。

（4）远程专家介入：对于重症或特殊情况，AR+AI 技术协助多学科专家迅速开展多方可视化会诊指导，从而争取救治时间，共享优质医疗资源。

（5）情景模拟与培训：在非紧急情况下，AR/MR 技术亦可用于急救培训，模拟各种紧急场景。通过高度仿真的交互体验，培训人员可以在没有实际风险的环境中反复练习，提高自身对突发事件的应对能力。这种沉浸式的学习方式，大大增强了培训的有效性和培训人员的参与度。

从各地的创新探索实践来看，AR/MR 技术在急救领域的远程医疗应用，不仅提高了急救质量和效率，还拓宽了医疗资源的覆盖范围，降低了地域和时间限制带来的影响。随着技术的持续进步和普及，AR 将成为急救医疗中不可或缺的创新工具，为拯救生命开启新的篇章。

2. 空间计算技术在医疗急救领域的价值体现

（1）增强急救医学指导：减少查阅手册的时间，降低误操作的风险，加快急救反应速度，提升急救质量。

（2）共享多方优质资源：实现跨地域的医疗资源调度，尤其是在偏远地区或复杂病例中，提供即时的专业指导，提高救治成功率。

（3）保障现场急救质量：增强医护人员的实战经验和应对能力，减少实际操作中的错误，提高整体急救水平。

（4）降低现场急救风险：提高急救治疗的精准度，减少复合伤并发症带来的二次损伤，缩短急救时间，提升患者安全。

（5）丰富急救教学案例：确保信息的连续性和准确性，有助于制定更加个性化的急救方案，减少信息传递误差。

7.4.3 空间计算技术打造医疗手术智能辅助新视角

1. 空间计算技术在医疗手术智能辅助领域的应用场景

AR/MR 技术在医疗手术智能辅助领域的应用，正助力智慧手术室进入一个前所未有的精准、高效的时代。AR/MR 技术通过将虚拟信息无缝融入现实手术环境，为外科医生提供视觉辅助和决策支持。

（1）术前规划与模拟：在手术前，AR/MR 技术可以基于患者的 CT、MRI 等影像数据构建出高精度的三维模型。医生可以通过 AR/MR 设备，直接在虚拟模型上进行手术规划，包括手术入路的选择、关键结构的标记及手术步骤的预演。这种可视化模拟不仅可以帮助医生更好地了解患者的情况，还可以在手术前发现潜在问题，优化手术方案，降低手术风险。

（2）术中导航与可视化：在手术过程中，AR/MR 技术可以将虚拟模型实时叠加到患者的真实解剖结构上，为外科医生提供 X 射线般的透视能力，即使在不开刀的情况下也能清晰地看到内部结构。这项技术十分适用于复杂手术，如神经外科、心血管内科等科室的手术，它可以帮助医生精准定位病变区域，避免损伤周围的重要组织，提高手术的精确度和安全性。

（3）远程指导与教学：AR/MR 技术支持远程手术指导和教学。资深外科专家可以在世界任意角落，通过 AR/MR 设备实时查看手术现场的状况，并在虚拟空间内进行标注、指引，甚至远程操控机器人进行手术。这种沉浸式的远程教学模式不仅为年轻医生提供了宝贵的学习机会，还可以增进全球医疗资源的共享与交流。

2. 空间计算技术在医疗手术智能辅助领域的价值体现

（1）提高手术安全性和精确度：通过实时、精确的手术引导，降低手术并发症的发生率，提高手术成功率。

（2）缩短手术时间与恢复周期：术前的精细规划和术中的精准操作减少了手术探索时间，有利于患者康复。

（3）缩短学习时间，加速医生提升：AR/MR 技术提供的直观的学习方式，加速了年轻医生技能的提升，缩短了其成为一名成熟的医生的时间。

（4）促进医疗资源均衡分配：远程协作功能使得优质医疗资源能够跨越地域限制，为偏远地区带来高水平的医疗服务。

（5）推动医疗创新与发展：AR/MR 技术的不断进步和应用，激励着医疗技术的持续创新，为未来手术室的智能化、个性化发展奠定基础。

AR/MR 技术融入医疗手术智能辅助领域，成了智慧手术室建设的重要一环，目前进程正在加速进行。三维重建和空间计算融合自然语义人机交互技术的集成应用，不仅为智慧手术室提供了信息决策的输入/输出方式，还通过技术上的突破为医疗手术带来了更加高效和安全的手术质量，提升手术的可行性与安全性。随着新一代 AR/MR 技术的不断成熟与普及，未来手术室的面貌将会发生革命性的变化。

7.4.4 空间计算技术构建医学治疗保健新手段

1. 空间计算技术在构建医学治疗保健领域的应用场景

人工智能技术的应用已在传统医学药物治疗的基础上，探索出了数字疗法新手段。而 AR/MR 技术在数字疗法领域的融合应用，加快了开创个性化、互动化的治疗新模式，为患者康复训练、心理治疗、疾病管理等方面带来了革新。

（1）移动智能助视：AR/MR 的移动智能助视技术结合了增强现实与视觉辅助功能，为有视力障碍的人群提供更加便捷、智能化的视觉辅助方案。这项技术通过 AR 眼镜、手机或头显，利用摄像头捕捉周围环境，并运用先进的图像识别、物体检测及增强现实算法，实时为用户提供增强的视觉信息。在帮助视障人群解决生活和学习问题方面，可提供文字放大与阅读、色彩识别与增强、面部与情绪识别、导航与环境感知、物品与场景识别等功能，AR/MR 技术通过这些场景功能，结合语音交互和手势交互技术，不仅可以帮助视障人群克服日常生活中的挑战，还可以促进他们与社会融入。

（2）康复训练与物理治疗：在康复领域，AR/MR 技术可以设计出互动性极强的康复训练方案。例如，患者可以通过 AR 设备进行虚拟的肢体运动训练，系统会根据患者的实际动作给出即时反馈，调整训练难度，以确保动作的准确性。对于中风后的肢体恢复、关节置换后的训练等活动，AR/MR 设备可以使训练过程更加有趣、有效，提高患者的参与度和康复效果。

（3）疼痛管理与分散注意力：通过 AR/MR 设备创建的沉浸式体验，可以帮助患者分散注意力，减轻疼痛。例如，利用 AR/MR 技术创造放松场景，如自然风光、冥想空间等，结合生物反馈技术监测心率、呼吸等状况，引导患者进行深呼吸、肌肉放松等练习，从而帮助患者有效缓解疼痛和焦虑情绪，减少其对药物的依赖。

（4）心理治疗与行为干预：在心理健康领域，AR/MR 应用可以构建安全、可控的虚拟环境，可用于暴露疗法治疗恐惧症、焦虑症等。患者可以在虚拟场景中逐步面对并克服他们的恐惧源，但这一切都需要在专业治疗师的指导下进行。此外，AR 应用还可以用于孤独症患者的社会技能训练，通过模拟社交情境，提高他们的沟通能力和社交理解力。

（5）疾病教育与自我管理：AR/MR 技术提供了一种直观的学习方式，可以帮助患者更好地理解自身疾病状况和治疗过程。例如，通过 AR 设备展示心脏的工作过程、糖尿病患者应如何管理饮食等，使健康教育更加生动、易懂。这种交互式的学习方式有助于提升患者的自我管理能力，促进其对治疗的依从性。

2．空间计算技术在构建医学治疗保健领域的价值体现

（1）增强治疗效果：通过个性化、互动式的治疗方案，显著提升治疗效率和康复质量。

（2）提高患者参与度：利用交互的趣味性和沉浸感提升患者治疗的积极性和持续性。

（3）降低治疗成本：减少对传统治疗设施的依赖，尤其是偏远地区的患者，可减少往返医院的次数。

（4）促进家庭与社区支持：AR/MR 疗法在家就可以实施，增进了家庭成员的参与感，有助于构建社区康复网络。

（5）心理健康支持：为心理健康治疗提供了新的、非侵入性的方法，有助于消除治疗的污名，让更多人愿意接受治疗。

从全球范围来看，基于 AR/MR 技术的数字疗法，已获得部分国家的监管准入许可。例如，美国 Luminopia 公司推出的专注儿童健康的 XR 训练产品已获得美国 FDA 的认可。从发展趋势来看，AR/MR 技术在数字疗法领域的应用，不仅丰富了治疗手段，提高了治疗的个性化水平，还促进了医疗保健服务的普及与升级，是未来医疗健康领域的重要发展方向之一。

未来，随着 5G/6G 技术、云计算技术和人工智能技术的进一步融合，AR/MR 技术将在医疗领域的临床、教学、科研及科普等方面全面普及。在临床领域中，

将会在诊断、治疗和患者服务等方向广泛深入，协同医疗器械和生物技术迭代升级，推动医疗行业向更高水平的精准医疗、远程医疗和智慧医疗迈进，为全球医疗卫生体系带来前所未有的变革与优化。

7.5 空间计算技术在文化旅游领域的实践

将虚拟世界与现实世界相结合的 AR 技术，早在 20 世纪 60 年代就已经出现了，但在 21 世纪初才获得了突破性的进展。这是因为早期的硬件设备和计算能力有限，难以支持复杂的 AR 应用。但随着智能手机和平板电脑的普及，以及硬件性能的提升和计算机视觉技术的进步，AR 技术逐渐进入大众视野。技术的发展使得 AR 空间计算和生成式人工智能等技术在博物馆中的应用有了更多的可能。虽然已有的落地方案还处于初级阶段，但它们已经展示出了足够的潜力。

博物馆是人类文化和历史的具象记忆，肩负着教育、娱乐和保护遗产的重要职责。博物馆通常收藏和展示了大量的文物与艺术品，涵盖了广泛的类型和主题，从古代历史文物到现代艺术作品，展览种类丰富多样。传统的展览方式主要依赖实物展出和文字说明，这种方法直观、生动，能够让观众近距离观察展品，感受其细节和质感。然而，随着技术的发展和观众认知的进步，观众希望获得更丰富的信息、更深刻的理解和更多的互动机会。对于过去的展览方式，用户获取信息量有限和互动性不足的问题逐渐显现，这些新问题需要新的解决方案。AR 空间计算技术和生成式人工智能技术的出现让这个问题的解决有了新的可能。

通过空间计算，观众不仅可以看到动态的展品三维展示，还可以聆听虚拟导览的解说，甚至可以与虚拟展品互动，这大大提升了参观的丰富性和趣味性。在博物馆中，AR 技术可用于展品的三维重建和虚拟展示，使观众不仅可以看到静态文物，还可以看到其演变过程，了解背后的故事。生成式 AI 技术可以极大地提高展览信息的密度和多样性，它提供了智能导览和导航功能，为观众带来了更加便捷和个性化的服务。AR 空间计算技术和生成式 AI 技术在博物馆中的应用会随着技术的进一步成熟和普及，发挥更大的作用。

然而，技术的实现并非一帆风顺。如何将复杂的技术应用于实际场景？这些技术在应用中能带来哪些改变和进步？在实践中又遇到了哪些挑战和困难？本节将通过详细的技术分析和案例研究，探讨 AR 空间计算技术在博物馆和旅游景区中的应用。重点关注视觉识别、SLAM、点云和生成式 AI 等关键技术，分析它们在场景中的具体应用及其带来的变化。同时，分享实际应用中的经验和成果，探讨未来的发展趋势和潜在的应用场景。

7.5.1　博物馆中的 AR 空间计算技术

1. 增强展览体验

在博物馆中，AR 技术实现了展品的三维重建和虚拟展示，从而提升了展览的互动性和教育效果。

（1）环境感知与识别：AR 设备通过内置摄像头和传感器可以实时捕捉周围环境的信息，进行精确的识别和定位，从而在展品周围叠加虚拟信息。在良渚博物馆中，AR 眼镜通过内置摄像头捕捉展品图像，并利用视觉识别技术确定位置和距离，从而在展品上叠加虚拟信息和动态故事。观众戴上 AR 眼镜后，可以清晰地看到每个展品上的虚拟信息和动态故事（见图 7-23）。

图 7-23　通过 AR 眼镜观看虚拟信息和动态故事

（2）SLAM 技术：SLAM 技术允许 AR 设备在未知环境中进行实时定位和地图构建。通过摄像头和传感器捕捉环境中的三维信息，并实时生成三维地图，这对于博物馆内复杂的展品布局和人流密集的环境尤为重要。例如，良渚博物馆使用的 Rokid AR Studio 通过 SLAM 技术实现了高精度的空间定位，使得 AR 眼镜能够精准定位展品，确保虚拟信息的准确叠加。

（3）点云技术：点云技术用于生成展品的高精度三维模型。通过激光扫描或摄像头捕捉展品表面的数百万个点，并将这些点组合成三维模型，AR 系统能够以虚拟形式展示展品的细节。在良渚博物馆中，点云技术使观众可以从不同角度观察展品，甚至放大细节，提供了比实际展品更为丰富的视觉体验。例如，在陶罐展示区，AR 眼镜展示了工匠制作陶罐的全过程，从泥坯到成品，使观众亲眼见证它诞生的每一步。

（4）实时交互与反馈：为了实现虚实融合的互动体验，AR 系统需要具备实时交互与反馈的能力。例如，观众可以通过手势操作旋转虚拟展品，或者通过语音命令获取展品的详细信息。

（5）生成式 AI 技术：通过学习大量历史数据和文物信息，生成式 AI 技术可以生成与展品相关的虚拟信息和解说。这项技术可以根据观众的认知水平和兴趣偏好，提供个性化的讲解内容。例如，Rokid 的 AI 系统可以识别用户的语言偏好，并提供适合不同认知水平和兴趣偏好的讲解内容，使观众获得更加丰富的参观体验。在良渚博物馆中，AR 眼镜展示了良渚古城的街道场景，商贩和行人穿梭其间，配合音效和虚拟角色，极大地增强了沉浸感。

2. AI 技术与 AR 技术的结合

AI 技术与 AR 技术在博物馆中的应用，彻底改变了参观模式。通过生成式 AI 技术，AR 系统能够根据观众的兴趣偏好和认知水平提供个性化的解说内容，无论是儿童还是成人，都能获得最适合他们的学习体验。在良渚博物馆中，当观众穿戴 AR 眼镜进入展厅时，他们会听到电子女声的欢迎声："欢迎来到良渚，今天是公元前 4300 年 5 月 14 日早上 7 点，人们正准备下地劳作，要一起前往吗？"

AR 眼镜不仅可以自动播放展品介绍，还可以通过虚拟角色、动态场景和音效等方式，使观众仿佛置身于历史场景之中。例如，看到穿着粗麻布衣服的人匆匆走过，手持石制犁耙。观众可以轻松地与 AI 助手互动，通过语音提问，如这件陶器是如何制作的，系统可以即时生成详细的解答，并展示陶器制作的虚拟过程。

这些技术不仅提升了参观的互动性和教育效果，还使博物馆成了一个更加引人入胜和令人难以忘怀的学习场所。

尽管 AR 技术为博物馆的展示带来了诸多新可能，但其应用也面临着一些挑战，具体包括以下几个方面。

（1）空间定位不稳定：特别是在大场景和人流量较大时，AR 系统的空间定位可能会出现误差。这会导致虚拟信息与现实展品的对齐出现偏差，影响观众的观感。为解决这一问题，需要进一步优化 SLAM 技术，提高空间定位的精度和稳定性。

（2）生成式 AI 技术的成本和响应速度：生成式 AI 技术虽然可以提供个性化的讲解内容，但其开发和维护成本较高，响应速度可能受到限制。在博物馆的实际应用中，需要平衡成本和性能，通过技术优化和硬件升级，提高 AR 系统的响应速度和稳定性。

（3）信息密度提升后的内容质量审核：AR 技术和生成式 AI 技术的引入大大增加了展览的信息量和多样性。然而，确保这些信息的准确性和质量是一个重要挑战。这需要建立严格的内容审核机制，以确保展示给观众的信息可靠、准确，并具有高质量的学术和教育价值。在未来的发展中，需要不断优化技术、降低成本、提升用户体验，才能让更多的博物馆在 AR 技术中受益。

3. 数据与分析

在空间计算时代，数据与分析的重要性超越以往。空间计算带来的多维信息，如用户行为、偏好、空间坐标和轨迹，产生了比以往更多的数据量。高质量的地理和环境数据成了成功应用 AR 技术的基石。

环境数据的采集是关键步骤。通过激光扫描仪或深度相机对博物馆展厅进行全面的三维扫描，获取详细的环境数据。这些设备可以捕捉环境的几何形状、空间布局和展品位置，生成高精度的三维点云数据。同时，使用高分辨率相机拍摄展厅和展品图像，进行后续的视觉识别和 AR 内容叠加。空间计算所需的不仅是传统的平面信息，还是全面、精细的三维数据，其质量会直接影响 AR 应用的效果。

数据处理与建模是确保数据可用的关键步骤。利用点云数据生成展厅和展品的三维模型，包括点云数据的过滤、配准和网格化处理，最终形成适用于 AR 应用的高精度三维模型。预处理采集图像，如图像校正、去噪和拼接，生成用于视觉识别的高质量图像库。这些精细的数据处理步骤确保了虚拟信息与现实环境的无缝融合，提升了用户的沉浸感和互动体验。

在空间定位与地图构建方面，可以采用 SLAM 技术实时更新和优化博物馆的三维地图。SLAM 技术结合视觉信息和传感器数据，实时计算观众的位置和运动轨迹，确保 AR 内容准确叠加在现实环境中。这种实时更新和优化能力显著提升了 AR 内容的精准度和交互体验。

数据整合与分析是将多源数据转化为有价值的信息的过程。整合三维点云、图像和传感器数据，形成完整的环境数据集。这些数据不仅可以用于 AR 展示，还可以用于展览设计和优化。通过机器学习和人工智能算法分析观众行为数据，如参观路径、停留时间和互动频率，优化展览内容和布局，提升观众的参观体验。

在空间计算时代，精细采集、处理的环境数据使 AR 系统能够实现高精度的空间定位和虚实融合，提升了 AR 内容的真实感和自然性。数据分析为展览内容的策划和优化提供了科学依据，以帮助博物馆更好地理解观众需求。个性化推荐和定制服务通过分析观众兴趣和行为模式，为每位观众提供了独特的导览和内容推荐，增强观众的新鲜感。

4. 机遇与问题

AR 技术与 AI 技术相结合，彻底改变了传统的博物馆参观模式，尤其对年轻观众的吸引力极大。传统的博物馆参观通常被认为是被动的，依赖于文字说明和实物展示。而 AR 技术与 AI 技术相结合，使得参观过程变得更加有互动感和沉浸感。观众可以通过语音和手势与展品互动，获取个性化的解说内容，这显著增强了参观的主动性和趣味性。

生成式 AI 技术在博物馆中的应用，为展览内容的互动性带来了前所未有的可能。通过学习大量历史内容和文物信息，生成式 AI 技术能够生成与展品相关的虚拟信息和解说，并根据观众的认知水平和兴趣偏好进行个性化定制。这种技术不仅提高了观众的参与度，还确保了不同年龄和背景的观众都能享受到适合自己的解说内容。

然而，生成式 AI 技术在博物馆应用中也面临一些挑战。其中，内容质量和准确性的审核是一个重要问题。随着信息密度的增加，确保所有生成内容的可靠性和学术价值成了博物馆内容从业者亟须关注的焦点。此外，生成式 AI 的开发和维护成本较高，有时响应速度无法满足实时解答的需求，这些问题需要在技术优化的过程中得到解决。

与传统博物馆内容从业者的合作关系同样至关重要。引入生成式 AI 技术并非取代传统内容从业者，而是为他们提供新的工具和手段。AI 技术可以帮助内容从业者更高效地整理文物信息和设计展示，提升整体展览的效果。此外，AI 技术还可以帮助内容从业者更好地理解观众的需求和反馈，推动内容创作和优化朝着更有针对性的方向发展。

生成式 AI 技术结合 AR 技术，为博物馆的展示方式带来了全新的可能性。尽管面临一些挑战，但随着技术的不断发展和优化，这些问题有望逐步得到解决。在这一过程中，传统的博物馆内容从业者将继续发挥重要作用，与 AI 技术共同推动博物馆展示方式的创新与进步。

空间计算带来的多维度数据不仅提升了 AR 体验的质量和效果，同时为博物馆的展览策划和观众服务提供了有力支持。未来，随着数据分析技术的进步，AR 技术在博物馆中的应用将会更加广泛和深入，为观众带来更加丰富和多样化的文化体验。

7.5.2 旅游景区中的 AR 空间计算技术

1．场景重现

AR 技术与“历史场景重现”主题的结合，已成为旅游景区中的一大热点。通过虚拟与现实的完美融合，使得游客能够身临其境地体验历史事件和文化场景。以大雁塔的“雁塔流光”AR 沉浸体验项目为例，展示 AR 技术在这一领域的卓越成就（见图 7-24）。

图 7-24 “雁塔流光”AR 沉浸体验项目

历史场景重现的成功依赖于几项关键技术。GPS 技术和 SLAM 技术使得 AR 系统能够精确定位游客位置，并根据实际环境实时叠加虚拟信息。在“雁塔流光”项目中，AR 眼镜利用高精度定位技术，将虚拟历史场景精准地叠加在大雁塔的真实景象之上。同时，三维建模技术生成了大雁塔及周边环境的精细虚拟模型，确保了模型细节和渲染效果，实现了虚拟环境与真实环境的无缝衔接。游客可以通过手势识别技术和语音识别技术与虚拟信息互动，如翻动虚拟古籍或询问玄奘法师西行的详细情况，从而增强互动体验。

“雁塔流光”项目由大唐不夜城与北京河图联合创新科技有限公司共同打造，结合了 AI 技术和 AR 技术，为游客带来了一场融合文化与科技的视觉盛宴。在大雁塔的真实背景下，AR 技术将玄奘法师的西行之路和大雁塔的建造过程展现得十分生动。佩戴 AR 眼镜后，游客仿佛置身于唐朝，亲历玄奘法师穿越戈壁大漠、翻越高山雪岭带回几千卷真经，并在慈恩寺建塔藏经的全过程。虚实结合的展示方式使历史事件变得生动，游客还可以与虚拟角色互动，通过对话了解玄奘法师的经历，或者通过手势操作查看大雁塔各个时期的建筑细节和文物。这种全方位、多感官的体验，有助于游客深入了解大雁塔的历史与内涵。

AR 技术的应用不仅为游客带来了全新的参观体验，还在文化传承中发挥着重要作用。AR 技术让历史变得生动可感，激发了游客尤其是年轻人对历史文化的兴趣和热情。这种沉浸式体验不仅直观地展示了历史事件和文化背景，还提升了文化教育的效果。

一些珍贵的历史遗迹和文物，因其脆弱性或保存条件的限制，难以进行实物展示。通过 AR 技术，这些历史遗迹和文物能够以虚拟形式展示，既保护了文物，又满足了公众的观赏需求。AR 技术的应用不仅是科技手段的展示，更是科技与文化深度融合的体现，为文化传承开辟了新的路径。随着 AR 技术的不断发展和普及，未来更多的旅游景区将引入 AR 技术，实现更广泛、更高质量的历史场景重现，提升游客的参观体验，同时为文化遗产的保护和传播带来了新的思路与方法。

2. 导览与导航

AR 技术在旅游景区中的另一重要应用是智能导览功能和个性化导航功能，这两个功能极大地提升了游客的参观体验。

智能导览的核心是空间定位与导航技术。传统的 GPS 在室内环境中定位精度有限，结合 SLAM 技术可以显著提升定位精度。SLAM 技术可利用摄像头和传感器实时构建三维地图，AR 技术在复杂环境中可实现准确定位。视觉标记（如二维码、图像识别等）作为定位参考点，进一步提高了定位精度，特别适用于博物馆和景区的复杂内部环境。

智能导览通过信息叠加和虚拟角色的创建，为游客提供个性化的导览服务。

AR 设备实时显示展品介绍、历史背景等虚拟信息，而虚拟导游角色则通过语音和动画与游客互动，为其推荐参观路线和重要景点，并根据游客的兴趣提供详细解答。

个性化导航通过实时路径规划和动态信息更新来提升游客的体验感。AR 系统基于游客的当前位置和兴趣点实时规划最优参观路径，游客只需跟随虚拟导航标识即可轻松到达目的地，避免迷路或错过重要景点。AR 系统实时更新景区内的动态信息，如游客流量、景点开放情况等，为游客提供最新的导览指引。

在大雁塔的“雁塔流光”项目中，AR 技术被广泛应用于智能导览和个性化导航方面，为游客带来了便利的参观体验。AR 眼镜展示了大雁塔的历史背景、建造过程及玄奘法师的西行故事，虚拟导游角色通过语音与游客互动，提供个性化的导览服务。AR 系统结合 GPS 和 SLAM 技术实时规划游客的参观路线，游客通过跟随虚拟导航标识轻松探访各个景点，极大地简化了参观流程。

AR 技术在智能导览和个性化导航中的应用不仅提升了游客的参观体验，还为景区管理带来了诸多便利。游客不再需要手持地图或依赖人工导游，而是通过 AR 设备获得即时、准确的导览信息和路线指引，享受更加自主和便捷的参观体验。AR 技术还是景区管理的强大工具。通过实时监测游客流量和行为数据，景区管理者可以更好地调控人流，避免拥堵和安全隐患。例如，当某个景点游客过多时，景区管理者可以通过 AR 系统引导游客前往其他景点，平衡各区域的游客密度。

传统的导览方式往往缺乏互动性，AR 技术则通过虚拟导游角色和实时信息展示，极大地增强了游客的参与感。游客不再是被动的观众，而是主动的参与者，通过互动操作和即时反馈，深入了解景区的历史背景和文化底蕴。

随着 AR 技术的不断进步，未来的智能导览和个性化导航将更加智能。例如，基于人工智能和大数据分析，AR 系统可以预测游客的行为和需求，提供更加精准的服务。AR 技术还可以与其他技术（如物联网、5G 通信等）结合，进一步提升景区的智能化水平。

这些优化后的内容清晰地展示了 AR 技术在智能导览和个性化导航中的应用及其带来的益处，同时强调了其未来发展的潜力和可能性。

3. 待解决的问题

在旅游景区中应用 AR 技术和生成式 AI 技术，尽管带来了显著的体验优势，但也面临一些系统性的挑战，需要系统化的解决方案来应对。

首先，大量人流和开放式场景对定位技术提出了极大的挑战。尽管 SLAM 技术能够在复杂环境中实现高精度的定位，但在人流密集的场景中，常常面临信号干扰和遮挡问题，会导致定位精度下降。为应对这一挑战，采用多传感器融合技术，结合摄像头、激光雷达和超声波传感器等多种数据源，提高了定位系统的鲁棒性和精度。同时，智能算法能够在动态环境中及时调整和修正定位误差，以确保用户获得稳定、准确的定位服务。

其次，应用场景必须与游客在景区内的自然行为融合。AR 技术的成功应用取决于其与游客的常规参观路径和兴趣点的无缝对接。例如，在设计智能导览和互动内容时，必须精确把握游客的参观路线和兴趣点，将虚拟信息巧妙融入这些关键位置。这种设计不仅能够提升游客的参与度，还能增强 AR 技术应用的实际效果和吸引力。

最后，开放空间和高客流量带来的设备管理与体验引导问题也是一项重要挑战。要想有效部署大量 AR 设备，必须建立完善的设备管理系统，实时监控设备状态并进行必要的维护和更新。智能设备管理系统可以有效提高设备的运行效率和服务质量，确保游客能够顺畅地体验 AR 技术带来的各种便利。同时，为了帮助游客更好地使用 AR 设备，可以在景区入口设置专门的 AR 体验指导站，提供设备使用培训和技术支持，从而降低使用门槛，增强用户体验。

面对这些挑战，未来的技术发展需要不断地进行优化和创新，以进一步提升 AR 技术在旅游景区中的应用效果和用户体验。通过采用先进的定位技术、精准的应用场景和有效的设备管理策略，AR 技术将为游客带来更加丰富、生动和个性化的参观体验。

7.5.3 展望与挑战

AR 技术和生成式 AI 技术正在为文旅行业带来显著变革。在博物馆和旅游景区中，这些技术的应用不仅能够让历史场景和文化背景活灵活现，还能通过高精度的三维建模和实时定位，让游客在真实环境中体验虚拟的历史场景，仿佛置身其间。例如，在历史遗迹中，AR 眼镜能够展示古代建筑的原貌和重要历史事件，极大地增强了游客的参观感受和对文化内涵的理解深度。

生成式 AI 技术也为游客提供了个性化的导览服务。通过分析游客的行为和兴趣，AI 系统可以为每位游客定制导览内容和互动体验。例如，根据游客的历史参观记录和实时反馈，推荐相关展品和活动，从而提升游客的参与度和满意度。

AR 技术未来的趋势之一是向多感官交互的方向发展。除了视觉和听觉，AR 技术还可以结合触觉、嗅觉等感官体验，进一步增强游客的沉浸感。虚拟触觉技术可以让游客在虚拟环境中感受文物的质感和温度，而气味再现技术可以让游客闻到古代市场或森林中的特定气味，这些技术都显著提升了参观体验的真实感和趣味性。

此外，结合 5G 与边缘计算技术，将进一步提高 AR 应用的工作效率和响应速度。5G 网络的高速率和低延迟特性使得大规模的数据传输和实时互动成为可能，而边缘计算技术则通过降低网络传输延迟，提高系统的响应速度，使得 AR 体验更加流畅。

然而，在 AR 技术的实际应用中仍然存在许多挑战。例如，大量的人流和开放式场景对定位技术提出了严峻的挑战，需要通过多传感器融合和预先构建三维地图等技术手段来提高定位精度与稳定性。此外，延迟问题和硬件限制也是需要克服的障碍，进一步优化算法和硬件设计，以提升设备性能和用户体验。

综上所述，AR 技术和生成式 AI 技术在文旅行业中的应用，不仅显著提升了游客的参观体验，还为景区管理和运营带来了新的工具与方法。通过实时数据分析和智能服务优化，景区管理者能够更加科学地进行资源配置和服务改进，从而推动文旅行业的创新和发展。随着技术的进一步演进和应用的深入，AR 技术将继续在文旅行业中发挥关键作用，为游客带来更加丰富和多样化的参观体验，推动整个行业向智能化、互联化的未来迈进。

7.6 AR 空间互动娱乐的开端

7.6.1 商业新势力入局

1. 一次活动引发的行业新热点

2023 年的国庆黄金小长假，杭州市西溪印象城门庭若市，吸引大家前来的正是世界经典 IP 奥特曼的一场授权展览活动（见图 7-25）。与以往在商业活动中见到的活动现场不同，这场活动没有复杂的美术陈列，没有超大的屏幕，更没有同 IP 活动场景中的奥特曼皮套人表演。有的只是一块简易的活动场地、多台 AR 眼镜和等待体验的长队。

图 7-25　西溪印象城的奥特曼授权展览活动

走进 3D 经典奥特曼展览的四大展区，观众可以亲身体验与经典奥特曼一起战斗的刺激感。AR 眼镜将现实中的展览与虚拟信息相融合，使人沉浸在三维立体的活动中，甚至有小朋友感受到了与“偶像”近距离接触的超真实体验，现场激动落泪。戴上 AR 眼镜，进入“地球守卫战”，即可获得高沉浸感的 AR 体验，通过手势交互实现与怪兽决战，实现童年梦想。

这一场由 AR 软硬件技术创造的科技冒险，瞬时引发了杭州的 AR 看展热潮，并在之后迅速席卷了温州、常州、广州、金华、长沙等城市，为游客提供了一场前所未有的数字沉浸式 IP 游玩体验。

“AR 文娱+超强 IP”的全新模式迅速获得了各行业的关注，并为城市级商圈提供了一个全新的空间消费发展路径，开始全面赋能商圈的内容创新、业态创新和模式创新。

2. 从文旅到商圈的探索

Rokid 应用 AR 眼镜和产品平台能力，结合文旅业务积累的丰富经验，打造出了全新的线下 AR 互娱商业模式雏形。相较于完全沉浸的 VR 展览，以 AR 眼镜为主要设备的 AR 展览，具有轻便、与现实交互、内容开发简单等特点。这决定了 AR 展览和 VR 展览在适配人群、可复制性、定制化、内容更新速度等方面有诸多不同。

AR 眼镜首先具有轻便的优势，只有 76g 重，对儿童非常友好。在传统的亲子活动中，往往都是孩子在玩，家长在看手机，活动并没有考虑到家长的体验感，以及亲子互动的环节。但 AR 眼镜的设计，让孩子在沉浸于游戏的同时，仍然可以看到家长。在奥特曼授权展览活动现场可以看到很多孩子呼唤着爸爸妈妈，甚至有的家长也戴上了 AR 眼镜，和孩子一起“打怪兽”，亲子互动氛围非常好。

相较于传统的商业活动，AR 活动可以提供具有更优质体验的产品，更能激发用户的购买意愿。基于行业领先的手势识别、空间视觉识别、自然语音识别、虚实融合渲染等技术，以 IP 世界观为蓝本，Rokid 策划准备了适合线下场景使用的互动娱乐内容。易上手、强反馈、易周转、超精彩成了 AR 活动相较于其他商业活动的差异化准则。

以奥特曼为例，在“地球守卫战”的 AR 活动中，体验者戴上 AR 眼镜就能获得“奥特之力”，借助深度融合的 AI 手势识别交互技术，使体验者直接化身奥特曼打败袭击地球的超级怪兽。借助 AR 眼镜的双目立体视觉效果，体验者更可直接与六位经典奥特曼近距离接触，无论是小朋友，还是看奥特曼长大的成年人，都可以亲眼见证每一位奥特曼的故事。

基于经典奥特曼 IP 活动模式的成功，Rokid 着手对 AR 空间互动娱乐的业务市场进行持续开拓，并逐步形成了“AR 数字空间”这一全新产品品类，对传统的商业活动市场发起冲击。继 AR 文旅之后，Rokid 再次引领商圈全面进入 AR 空间计算时代。

7.6.2　用 AR 传播快乐

1．AR 数字空间

AR 数字空间充分运用 AR+AI 数字化技术，对传统美术陈列展、快闪店等形态进行了次时代级的迭代，将传统商业活动以展览、销售为核心的理念，转化为以体验为核心的理念，使用 AR 技术贯穿获客引流、消费转化、社群分享、口碑复购等多个环节。

作为一种商业活动的产品形式，既需要注重互动内容的体验质量，又需要注重商圈获客营收的业务本质，在均衡两者之后，形成了“看得见”“摸得着”两大原则。

“看得见”指的是由三个层级递阶感知构成的纵深体验。

（1）肉眼可见：与其他商业活动一样，由 IP 作为 AR 数字空间的内容主题，需要在活动现场放置适量的 IP 视觉信息作为标识物，快速吸引客流。

（2）个人终端可见：进入 AR 数字空间后，为用户提供手机、平板电脑等个人终端访问数字化内容。通过在场地内应用 AR 技术叠加 IP，可使用户轻体验展示内容，提高用户兴奋度，快速实现短期用户留存。

（3）AR 眼镜可见：现场设立 AR 体验区，为用户提供 AR 眼镜供其体验项目，引导用户使用 AR 眼镜在规范场地内沉浸体验基于 IP 主题开发的精致 AR 内容，完成体验消费转化。

“摸得着”指的是由两个阶段流程接替形成的模块类型。

（1）现场能互动：用户在针对虚实融合打造的现场空间内，可以获得使用手势识别、语音识别、视觉识别等领先 AI 技术打造的 AR 互动体验，快速感受 AR 技术带来的刺激。

（2）回家能带走：可将现场的强 AR 体验以轻 AR 体验的方式进行社群分享，或者将一部分 AR 体验带回家重复感受。

2. 产品是快乐的载体

AR 数字空间以传播快乐为设计理念，将最领先的技术以最易用的方式提供给用户，基于“看得见”“摸得着”的原则，Rokid 的 AR 数字空间也成了由多个核心产品模块组成的产品。

1）AR 竞技场

基于 IP 主题量身打造刺激的线下 AR 主题体验，包含手势打怪、空间音游、赛车竞速、剧本杀、沉浸式解密等丰富的互动玩法。在 AR 数字空间中戴上 AR 眼镜即可开始挑战，成为征服全场的顶流大师。

2）AR 见面会

利用 AR 的空间计算能力，戴上 AR 眼镜将实现空间变为故事中的异世界，让二次元偶像及故事中的经典形象降临眼前，并与他们直接通过语音、触摸等方式进行面对面互动，这是粉丝必须一试的场地限定体验（见图 7-26）。

3）AR 照相馆

全新场地打卡方式，无论是在现实空间中直接与虚拟角色亲密合影，还是化身为 IP 主题中的角色使用必杀技，现在这些曾经在幻想中出现的画面都能在现场成真，并在异世界中留下自己的身影，可以将画面分享到朋友圈或打印成照片留作纪念。

4）AR 新文创

不止线下体验，使用 AR 技术打造的次时代的周边产品也为传统的文创产品植入了应用 AR 技术的新功能，让文创产品不再是一个静态的展示物，还可以把平面图像变成立体形象，让三维文创“放大招”，让用户把精彩的 AR 数字体验带回家（见图 7-27）。

图 7-26　AR 见面会

图 7-27　AR 新文创

3. 运营让更多的人感到快乐

就商圈场景而言，除了好的产品，好的运营方案也能让快乐以更有效的方式传播给更多的用户。AR 数字空间除了产品体验模块本身的开发，还解决了从 IP 授权、内容开发、物料设计到运营工具、营销方案、周边销售等项目全链路落地的问题，并根据多样化的商圈形态制定合适的合作模式，助力合作伙伴高效落地，汲取成功经验。通过运营 SOP 培训、现场运营督导、每日复盘优化等配套运营服务，AR 数字空间将助力商圈业主实现有效的引流转化，同时确保每位终端用户都能在商圈享受到更好的 AR 体验，进一步形成产品优势。

（1）打破空间限制，通过 AR 技术重塑“场域”，提升场地坪效。

（2）新的呈现和交互方式，对各种 IP 的商业化运营带来衍生价值。

（3）用 AR 技术承载 IP 文化，增加家长和孩子互动的环节。

（4）AR 数字空间体验，赋能商业空间，打造娱乐体验新业态。

（5）AR+IP 联合，拥有极大的消费市场和营销热度。

7.6.3 新企划启动

经典奥特曼 AR 数字空间在全国持续落地后，Rokid 继续与多个顶级 IP 版权方合作，联合生态上下游共同打造了多个 IP 主题系列的一站式 AR 数字空间产品方案，针对亲子、国潮、二次元等多样化目标人群提供了更丰富的产品选择，面向商圈形成了更完整的产品矩阵。

以与上影元的合作为例，在《大闹天宫》公映 60 周年、《哪吒闹海》公映 45 周年之际，基于这两个国民级经典 IP 打造了如下全新的 AR 数字空间产品。

1. 大闹天宫 AR 数字空间

亲身进入每位国人心中的西游世界，与花果山的猴子猴孙一起玩耍，捕捉孙悟空珍贵的幼年影像。在戴上 AR 眼镜后，还能让齐天大圣亲自教授毫毛分身术，挥舞金箍棒，在天宫与天兵天将和二郎神展开一场惊心动魄的较量，展现自身英勇无畏的气魄，与大圣一起大闹天宫！

2. 哪吒闹海 AR 数字空间

借助 AR 眼镜化身为莲花童子，穿越至哪吒为了正义英勇牺牲的瞬间，亲身体验以《哪吒闹海》为蓝本的传奇故事！在太乙真人的引导下，踏上一段充满奇幻与刺激的国潮冒险之旅，亲手助力哪吒复活，并绘制神秘符文，召唤哪吒经典武器，与哪吒一道同龙王展开激烈搏斗，陈塘关的安定在此一举（见图 7-28）。

图 7-28 Rokid X 上影元 IP 合作

通过不断面向市场推出更多优质的 AR 数字空间产品，持续验证、打磨并形成更好的产品方案，AR+IP 即将进入规模化阶段。

7.6.4 AR 互娱的展望

虽然受限于目前 AR 终端的市场铺量，但 AR 行业目前仍在文旅、商圈等场景中引入空间互动娱乐项目，使用 2B2C 的方式让更多人感受到 AR 互娱带来的全新体验。

但随着 Rokid AR Lite 等 C 端 AR 产品的发布，越来越多的消费者有更多的机会拥有自己的 AR 个人终端，AR 也终将进入千家万户。通过 AR 数字空间等 AR 空间互动娱乐的产品形态，让更多的人体验 AR、爱上 AR、最终拥有 AR，期待 AR 未来出现在 GAME BOY 时刻。

第 8 章 空间计算技术发展趋势

在当今数字化转型的浪潮中，空间计算技术正迅速崛起，成为改变人类与世界互动的方式的重要力量。通过将虚拟信息与物理环境无缝融合，空间计算不仅重新优化了用户体验，还推动了从娱乐到工业的各个领域的创新。随着 AR 技术、VR 技术和 MR 技术的不断进步，空间计算正在突破传统界限，创造出更加沉浸和互动性更强的应用场景。

8.1 统一渲染

在以往的 XR 渲染技术中，用户一旦在启动器中启动了应用，系统就会立即切换到全屏模式。即便用户通过某些间接方式使多个应用的内容同时在一个视窗内显示，这些应用仍然是共享同一个渲染进程的。这意味着，如果其中一个应用发生故障或崩溃，整个系统也将受到影响并可能随之崩溃。然而，统一渲染技术为解决这一问题提供了可能，它允许在同一空间内打开的多个空间计算应用各自独立地运行在不同进程中。这项技术确保了应用可以独立运行，互不影响，用户可以在空间内自由地放置和交互这些应用，甚至可以实现不同应用之间的交互和操作。

统一渲染技术构成了一种跨进程的渲染架构。在这种架构中，渲染服务主要负责前端的渲染工作，包括处理碰撞和交互逻辑。与此同时，客户端负责承担资源管理、网络数据加载、业务逻辑驱动及逻辑处理等任务。为实现前后端之间的数据交换，它们通过进程间的通信机制来传输信息。传输的内容涵盖了实体标识、变换信息及渲染资源（对于只读的渲染资源，可以传输引用地址，由服务器端进行加载）。此外，数据的格式是公开且允许自定义的，这有助于推动行业生态和行业标准的建立。

总体而言，统一渲染技术具有多项优势，具体如下。

- 资源与进程管理：通过智能资源分配和多进程隔离，实现高效计算、内存管理，并确保系统的稳定性。
- 渲染效率与优化：优化渲染流程，包括遮挡、剔除和管线复用，提高场景渲染效率，减少资源冗余。
- 视觉效果一致性：实现不同场景和 UI 之间的统一光影与后处理效果，保持视觉效果的一致性。
- 用户体验流畅性：优化多应用场景切换，确保过渡的流畅性，提升用户的交互体验。
- 多客户端交互与动态迭代：支持多个客户端在同一光照和物理系统中交互，同时允许客户端数据和业务逻辑独立动态更新。
- 坐标系统兼容性：支持全局坐标系统与相对坐标系统之间的映射，简化空间计算，增强渲染技术的灵活性和适用性。

当然，统一渲染受限于生态、硬件、渲染引擎等客观条件，还需要众多硬件厂商、渲染引擎及生态应用开发者的推动。以下是统一渲染技术的缺点和面临的挑战。

- 技术复杂性：统一渲染架构的实现比传统的分离式渲染架构更为复杂，需要更高级的硬件支持和更复杂的软件算法，这可能导致开发和维护成本的增加。
- 性能瓶颈：在某些情况下，统一渲染架构可能会导致某些类型的渲染任务出现性能瓶颈，尤其是在场景中存在大量顶点或像素操作时。
- 硬件限制：统一渲染技术可能需要特定的硬件支持，这意味着它可能无法在所有设备上实现最佳性能，特别是在旧的或性能较低的硬件上。
- 资源分配问题：虽然统一渲染技术旨在提高资源的利用率，但在某些情况下，它可能无法完全避免资源浪费，特别是在处理非常复杂或高度变化的场景时。

- 兼容性问题：统一渲染技术可能与现有的软件和工具链不完全兼容，这就可能为集成和迁移方面带来一定的挑战。
- 特定场景下的效率问题：在某些特定的渲染场景下，如在需要处理大量顶点或像素的场景中，统一渲染架构可能不如专门的渲染架构高效。
- 对渲染技术要求较高：在实现统一渲染技术时，可能需要采用更为先进或复杂的渲染技术，对部署、优化、调试也有较高的技术标准。

统一渲染代表了一种新的技术趋势，但是距离行业大规模落地还需要一定的时间。

8.2 空间拍摄与新的空间内容标准

3D 视频的起源可以追溯到 19 世纪末，并在 20 世纪和 21 世纪经历了多次技术革新，掀起了多次技术浪潮。其原理相对简单，就是利用人眼的视差效果，在视频拍摄时使用两个摄像机拍摄，在放映时同样使用两个放映机投像。在现实世界中，我们一般会看到两种类型的 3D 视频形式，即浮雕 3D（Anaglyphs 3D）和分屏 3D（Split Screen 3D）。

浮雕 3D 是一种通过色彩分离来实现立体视觉效果的技术，其原理是使用不同颜色的滤镜（通常为红色和青色）对每只眼睛的图像进行色彩混合，从而产生三维效果。在观看时，观众需佩戴配有红蓝镜片的 3D 眼镜，以便每只眼睛仅接收对应颜色的图像，这样大脑便可将其合成为具有深度感的立体画面。由于这种技术生成的影像在裸眼观看时会呈现出类似浮雕的效果，因此得名“浮雕 3D”。这种 3D 视频形式常用于影院，为观众提供独特的视觉体验。

另一种常见的 3D 视频形式是分屏 3D。这种技术将左右眼的画面同时置于视频的同一帧中，通常有两种排列方式，左右排列（Side By Side）和上下排列

（Top and Bottom）。分屏 3D 视频被广泛应用于各种 PC、移动设备和 VR 头显的播放器中。

随着 2023 年 Apple Vision Pro 的推出，新的空间视频标准——MV-HEVC 被引入解决空间视频和空间照片的存储问题。MV-HEVC（Multiview High Efficiency Video Coding）是一种视频编码格式，是 HEVC（高效视频编码）的扩展，旨在高效编码多视角视频帧，特别适用于 3D 视频。

从原理上看，MV-HEVC 的主要目的是通过高效压缩左右眼视角的不同视频帧，减少冗余信息。同时 MV-HEVC 完全兼容 HEVC 解码器，在不支持 3D 观看的设备上可以作为普通 HEVC 视频播放，因此以 MV-HEVC 形式存储的空间视频和空间照片可以在互联网上正常传播与观看，这大大提高了空间视频和空间照片的通用性。MV-HEVC 可以在不显著增加文件大小的情况下存储 3D 视频，因此可以更好地助推空间视频和空间照片成为主流的多媒体形式。

随着更多设备支持 MV-HEVC，空间视频和空间照片有望在更多的消费场景中应用，其存储与播放相较于其他形式更加高效、兼容，为未来的多媒体体验奠定了良好的技术基础。

Apple Vision Pro 带来了一种全新的内容生产能力——空间拍摄，因此 Apple Vision Pro 成了第一台集空间内容生产和空间内容消费于一体的个人计算设备。

空间拍摄使用户能够以三维的方式记录和回放现实场景。这种拍摄形式不仅提升了视觉效果，还能使观众仿佛置身于拍摄场景，生动地再现珍贵的记忆。同时，空间拍摄使得空间内容生产成为可能。基于 MV-HEVC 形式的支持，人们可以分享所拍摄的空间视频和空间照片，这些内容可以在不同的设备上正常观看和传播。随着更多设备的支持与推广，以及更多用户的拍摄与分享，空间视频和空间照片将成为一种全新的内容形式，被消费者和用户广泛接受并使用。

8.3 生成式 AI 浪潮下的 3D 内容制作

生成式 AI 的迅猛发展正在重塑 3D 内容制作领域，成为推动行业变革的重要力量。自 2022 年 ChatGPT 引发 AIGC（生成式人工智能内容）浪潮以来，生成式 AI 在游戏、影视、3D 打印等领域的应用日益广泛。与工业场景中的 CAD（计算机辅助设计）和建筑场景中的 BIM（建筑信息建模）不同，这些领域中的 3D 内容更注重创造性，生成式 AI 在此背景下展示了极其广阔的应用前景。

3D 生成技术的核心在于，利用深度神经网络学习和生成物体或场景的 3D 模型，并在此基础上赋予模型色彩与光影，使生成结果更加逼真。3D 生成的具体研究方向包括 AI 建模、AI 骨骼绑定、AI 表情、AI 动作和 AI 渲染等。3D 内容的产业链分为基础层、提供资产的中间层和资产开发的应用层。生成式 AI 在基础层中替代了传统工具，显著降低了生产成本，提高了生产效率。

传统的 3D 制作流程包括概念设计、原画制作、3D 建模、纹理贴图、驱动和渲染等环节，其中 3D 建模环节的成本高昂。以 3D 游戏为例，3D 建模环节的研发成本可占总成本的 60%～70%。但生成式 AI 几乎可以在所有环节中发挥作用，降低门槛和生产成本，提高生产效率。例如，使用生成式 AI 的 3D 管线可以显著缩短生产周期，降低生产成本。以 2024 年大卖的 Steam 游戏《幻兽帕鲁》为例，使用传统的 3D 管线大约需要 5000 天的制作时间，而使用生成式 AI 的 3D 管线，在 3 年内就完成了该作品的制作。

据方正证券测算，使用 RTX 3090 显卡在 Zero123 方法迭代 30000 次生成一个 3D 资产的成本约为 5 元，未来随着方法的成熟，迭代速度的加快，成本将降至 2.6 元，且单场景只需 3.3～4.2 小时。相较于传统方法花费的 3～40 美元和 2～15 小时，生成式 AI 的应用显著降低了生产成本，提高了生产效率。

3D 生成技术的发展分为 3D 原生和 2D 升维两大路线。3D 原生路线使用 3D 数据集进行训练，生成质量高且生成速度快，但受限于数据集的丰富性。3D 原生路线，如 VAE 模型、流模型、GAN 模型和 EBM 模型等，在生成效果方面具有显著优势。2022 年，NVIDIA 发布 Get3D，支持生成具有高保真纹理和复杂几何细节的 3D 内容。OpenAI 的 Point-E 和 Shap-E 通过收集大量 3D 资源和文本字幕，打破了 3D 数据和字幕的数量限制。Adobe 研究院和澳大利亚国立大学的 LRM，结合高效的神经网络架构，实现了从单张图像到高保真 3D 模型的快速转换。

2D 升维路线利用 2D 数据集进行训练，先生成 2D 图像，再通过扩散模型或 NeRF 生成 3D 内容。尽管生成质量较差，速度较低，但其丰富性较强，支持利用大量的 2D 图像数据进行预训练。Google 的 DreamFusion 和 NVIDIA 的 Magic3D，在提升生成质量和速度方面取得了显著进展。DreamFusion 通过新的图像采样方法 SDS，在参数空间中而非像素空间中进行了采样，提高了从文本到 3D 的质量。Magic3D 采用了两阶段优化策略，生成速度是 DreamFusion 的两倍，生成质量更高。

此外，多视角重建技术也在 3D 生成中扮演了重要角色。Zero123 通过将 3D 信息注入 2D 预训练模型，弥补了扩散模型 3D 先验能力的不足。多视角重建方法首先生成了多个视角的图像，然后通过 3D 重建得到了 3D 模型，显著提高了生成质量和速度。

3D 生成技术的进步不仅体现在技术层面，还在商业化应用上展现了巨大潜力。随着 3D 数据集的扩展和神经网络技术的发展，3D 生成技术在生成质量、速度和丰富性方面取得了显著进步。在 3D 生成技术的推动下，3D 打印、游戏、影视等领域的市场需求不断增长，预计在未来将有更广阔的发展空间。

此外，3D 生成技术的进步也与头显设备的发展密切相关。头显设备的完善将进一步推动 3D 生成技术的应用，尤其是在 AR 领域和 VR 领域。尽管初代设备仍有不足，但在未来几年内，随着技术的成熟和应用的发展，3D 生成技术将在更多领域内实现商业化应用。头显设备的完善有望带来 3D 原生应用的爆发，开发者可以借助 3D 生成技术开发头显应用，推动头显设备生态走向成熟。

3D 生成技术的商业化潜力吸引了众多初创企业的加入。这些企业在技术创新和市场应用方面表现出色。例如，CSM（Common Sense Machines）提供了平台 CSM.ai，允许用户将照片、文本和手绘草图转换为 3D 世界。Luma 可以通过 AI 简化 3D 图像和 3D 视频的创作过程，推出的 Genie 1.0 和 Dream Machine 在生成速度和质量方面表现突出。Polycam 利用 iPhone 的 LiDAR 和摄像头生成 3D 模型，拥有大量用户和下载量。Yellow 专注于 3D 角色生成，发布的 YellowSculpt 实现了拓扑感知的 3D 生成，支持与顶级游戏引擎的无缝集成。

此外，3D 生成技术在 Web3 和空间智能领域也展现了广阔的应用前景。

Lifeform 作为去中心化数字身份解决方案的提供商，为 Web3 用户提供了数字虚拟身份，推动了区块链互操作性的发展。Param Labs 致力于创建模块化、互联的 Web3 游戏生态系统，通过赋予用户数字产权来改变玩家和开发者的游戏体验。NeuralAI 利用 Bittensor 子网开发 3D 资产生成服务，通过分散的机器学习网络降低生成成本。

尽管 3D 生成技术取得了显著进步，但仍面临一些挑战。数据集的不足、表示方式的局限、评估体系的不完善和生成内容的可控性等问题仍需解决。未来，随着技术的不断发展和完善，3D 生成技术将在更多领域内实现商业化应用，开启更广阔的市场和应用空间。

8.4 空间计算专用芯片

随着 Apple Vision Pro 的正式推出，R1+M2 的双芯片架构面世之后一直被业界广泛讨论。这种创新的双芯片架构结合了 R1 芯片的实时处理能力与 M2 芯片的高效计算性能，为用户带来了前所未有的体验。R1 芯片专注于处理传感器数据，以实现低延迟的环境感知和交互，而 M2 芯片则负责复杂的计算任务和图形渲染。两者协同工作，使得 Apple Vision Pro 在性能和能效之间达到了理想的平衡。

因此可以得知，空间计算的核心是通过计算机技术模拟和增强人类的空间感知和交互能力。这一领域的快速发展对芯片技术提出了新的要求，因为空间计算应用需要强大的计算能力来处理复杂的视觉、音频和传感器数据。

首先，空间计算对芯片的计算能力提出了更高的要求。与传统的计算任务相比，空间计算需要处理大量的实时数据。例如，在 AR 应用中，设备需要实时捕捉和处理来自摄像头的高分辨率视频流，还要执行复杂的图像识别和跟踪算法。这要求芯片具有高效的并行处理能力，以便在短时间内处理大量数据。此外，空间计算还需要进行复杂的物理模拟和 3D 渲染，这进一步增加了对芯片计算能力的需求。

其次，空间计算对芯片的能效提出了挑战。由于许多空间计算设备是便携式的，如智能眼镜、移动设备等，因此它们对电池的寿命有着严格的要求。这就需要芯片在提供高性能的同时保持低功耗。为此，许多芯片制造商正在开发专门的低功耗架构和技术，以满足空间计算对芯片的需求。例如，通过优化芯片的电路设计和使用更先进的制造工艺来显著降低功耗。此外，异构计算架构的使用也成了一种趋势，通过在一个芯片上集成多个不同类型的处理单元（如 CPU、GPU 和专用加速器），可以更有效地分配和管理计算任务，从而提高能效。

再次，空间计算对芯片的集成度提出了更高的要求。为了支持各种传感器和通信模块，空间计算设备需要在有限的空间内集成更多的功能。这对芯片的集成技术提出了挑战，需要在一个芯片上集成更多的组件和功能模块。例如，除了传统的计算单元，空间计算芯片还需要集成图像传感器接口、无线通信模块、定位系统及各种传感器接口等。这种高集成度的设计不仅可以减少设备的体积和重量，还可以提高系统的整体性能和可靠性。

此外，空间计算的应用场景多样化也对芯片的灵活性提出了要求。不同的应用场景可能需要不同的计算能力和功能模块，因此芯片需要具备一定的可配置性，以适应不同的应用需求。例如，在工业应用中，空间计算可能需要处理复杂的 3D 建模和数据分析；而在娱乐应用中，空间计算可能需要更高的图形处理能力和实时交互性能。为此，芯片制造商正在开发可编程和可配置的芯片架构，以便根据不同的应用需求进行调整和优化。

最后，空间计算的发展还推动了芯片设计和制造技术的创新。例如，神经网络加速器（NPU）的发展就是为了满足空间计算中对人工智能处理的需求。这些加速器可以高效执行深度学习算法，可用于图像识别、语音识别和自然语言处理等任务。此外，量子计算和光子计算等新兴技术也正在被研究，以期在未来为空间计算提供更强大的计算能力和更低的能耗。

总之，空间计算的快速发展对芯片技术提出了全方位的挑战和机遇。从计算能力、能效、集成度到灵活性和新技术的应用，芯片制造商需要不断创新、优化，以满足空间计算的需求。这不仅推动了芯片技术的进步，还促进了整个科技行业的发展。

8.5 新的人机交互方式

空间计算领域近年来取得了显著进展，尤其是在新的人机交互方式上，以 Apple Vision Pro 和 Meta Orion 为代表的设备，展示了未来交互技术的潜力。这些设备不仅改变了用户与数字世界的互动方式，还为空间计算应用的广泛普及铺平了道路。以下将详细探讨以上设备中的两种关键交互技术，眼手交互和 EMG 手环交互。

眼手交互是近年来备受关注的一种自然交互方式。它通过结合眼动追踪技术和手势识别技术，实现了用户与虚拟环境的无缝互动。在 Apple Vision Pro 中，这一技术得到了充分应用。用户可以通过眼动追踪技术快速选择屏幕上的对象，随后通过简单的手势进行确认或执行操作。这种交互方式的核心在于直观性和自然性，符合人类最基本的行为模式——看和触摸。眼手交互的优势在于高效性和流畅性，用户不再需要依赖传统的输入设备，如鼠标、键盘等，仅需通过注视和简单的手势即可完成复杂的操作。

另一方面，EMG 手环交互代表了一种更为细腻和高精度的交互方式。EMG 肌电技术通过检测手腕肌肉的电信号，识别用户的手部动作和意图。Meta 在 2024 年的 Connect 大会上展示了他们的 AR 原型机——Orion，同时搭配 EMG 手环，以实现更精细的控制和输入。EMG 手环的优势在于对微小动作的敏感性，即使在手部未明显移动的情况下，也能准确捕捉用户意图。这种特性使得 EMG 手环特别适用于需要高精度和低延迟的应用场景，如虚拟设计和复杂的操控任务。通过佩戴手环，用户可以通过简单的手势或肌肉动作来控制设备，甚至可以在不移动手臂的情况下进行复杂的操作。这种交互方式不仅提高了操作的便捷性，还解放了用户的双手，使其能够在更自然的状态下与设备互动。

新型交互方式的发展，为空间计算领域带来了革命性的变化。眼手交互提供了快速、直观的选择和操作方式，而 EMG 手环交互则提供了精细、精准的控制手段。这两种交互方式开辟了新的交互范式，用户能够以更加自然、灵活的方式与虚拟世界互动，享受前所未有的沉浸式体验。

然而，这些技术的广泛应用也面临着一些新的挑战。首先是技术的成熟度和稳定性。虽然眼手交互和 EMG 手环交互已经取得了显著进步，但在复杂环境中的稳定性和准确性仍需进一步提升。此外，用户隐私和数据安全也是需要关注的问题，尤其是在涉及眼动追踪和生物电信号的情况下，如何保护用户隐私和数据安全，将是厂商和开发者必须面对的问题。

总之，随着 Apple Vision Pro 和 Meta Orion 等设备的推出，空间计算领域的新型交互方式展示了无限潜力。新型交互方式不仅改变了用户与数字世界的互动方式，还为未来的空间应用提供了新的可能。随着技术的不断发展和完善，我们可以期待这些交互方式应用在更多领域，为用户带来更加丰富和多样的体验。

第 9 章 未来应用场景展望

9.1 空间计算场景落地的技术支持

空间计算技术的广泛应用和发展离不开相关科技的进步，尤其是云计算、5G网络、人工智能（AI）和物联网（IoT）等技术的快速发展。这些技术可以为空间计算提供必要的基础设施支持，使得空间计算可以在各种复杂环境中运行，并为用户提供实时、精准的空间体验。

9.1.1 云计算

9.1.1.1 数据处理和存储

云计算为空间计算提供了强大的数据处理和存储能力。在空间计算中，尤其是在涉及复杂的三维模型、实时渲染和大规模用户互动时，所需的数据量和计算资源非常庞大。传统的本地计算往往无法满足这些需求，而云计算凭借分布式计算和海量数据中心的支持，使得这些复杂计算可以在云端完成，从而大幅提高了空间计算的性能和效率。

例如，在 VR 游戏中，玩家的每个动作都需要被实时计算和渲染，以确保游戏的流畅性和沉浸感。通过云计算，这些计算任务可以被分配到多个服务器上同步处理，从而避免因本地计算资源不足而导致的卡顿或延迟问题。此外，云计算还可以为用户提供无缝的存储服务，使得他们可以在不同设备之间无缝切换，而无须担心数据的丢失和同步问题。

9.1.1.2　实时协作

云计算还大幅推动了空间计算的实时协作功能。在教育、工业设计和远程医疗等应用场景中，多个用户可以同时在同一个虚拟空间中协作完成任务。通过云计算，这些用户可以在全球范围内实时共享数据和信息，无论他们身处何地，都可以在同一虚拟空间中进行互动和合作。

例如，在远程医疗领域，多个医生可以通过云端共享患者的三维病理模型，共同探讨和制定治疗方案。这种实时协作的治疗方式大大提高了医生决策的速度和准确性，尤其是在紧急情况下，可以挽救更多生命；在教育领域，学生和教师可以在虚拟教室中实时互动，进行实验操作和问题讨论，使得在线教育的效果显著提升。

9.1.2　5G 网络

9.1.2.1　低延迟和高带宽

5G 网络的引入是空间计算技术发展的一个重要里程碑。与 4G 网络相比，5G 网络提供了更高的带宽和更低的延迟，这对需要实时数据传输和高频交互的空间计算应用来说至关重要。在 AR 和 VR 中，用户的每个动作都需要以毫秒级的速度进行反馈，如果网络延迟过高，则用户体验将大打折扣。

5G 网络凭借其高速率和低延迟的特点，支持更复杂、互动性更强的空间计算应用。例如，在虚拟会议中，5G 网络可以确保会议中的每一位参会者都可以实时看到其他人的动作和表情，在极大程度上避免了因网络延迟而导致的沟通障碍。此外，在远程驾驶和工业机器人操作中，5G 网络可以提供毫秒级的反馈，使得操作更加精准、安全。

9.1.2.2　大规模连接

5G 网络的另一个重要特性是其具有支持大规模连接的能力。在空间计算、智慧城市、智能交通和物联网应用中，成千上万的设备需要同时连接到网络并进行数据交换。传统的网络架构无法支持如此大规模的设备连接，而 5G 网络通过其先进的网络架构，可以实现高密度设备的同时连接，为空间计算提供了坚实的网络基础。

9.1.3 人工智能

9.1.3.1 数据分析和决策支持

人工智能是空间计算技术中不可或缺的部分。通过 AI 技术，空间计算可以实现更加智能的交互和自动化。例如，在 VR 游戏中，AI 技术可以通过对玩家进行行为分析，动态调整游戏难度和内容，提供个性化的游戏体验。在工业制造领域，AI 技术可以通过对设备运行数据进行分析，预测设备故障，提供预防性的维护建议，从而减少停机时间，降低维护成本。

此外，AI 技术还可以为空间计算中的虚拟角色和环境赋予更高的智能，使得虚拟内容更加逼真、自然。例如，在虚拟社交平台中，AI 技术可以模拟用户的表情和语音，使得虚拟角色的表现更加真实，从而提高用户的沉浸感和互动性。

9.1.3.2 自然语言处理

人工智能中的自然语言处理（NLP）技术为空间计算提供了更加自然、流畅的人机交互方式。用户可以借助 NLP 技术通过语音指令与虚拟信息进行互动，而无须依赖传统的输入设备。这种语音交互方式不仅可以方便用户操作，还可以增强空间计算的普及性，使得更多用户可以轻松使用空间计算设备。

例如，在进行虚拟房产展示时，用户可以通过语音指令改变房间的颜色、家具的位置，甚至可以要求虚拟助手提供房产的详细信息。这种智能化的交互方式，使得用户可以更加自由地探索虚拟空间，提升了空间计算的用户体验。

9.1.4 物联网

9.1.4.1 智能设备集成

IoT 技术为空间计算提供了大量的数据来源和交互设备。在智能家居、智能制造和智慧城市等应用场景中，物联网设备可以实时收集环境数据，并通过空间计算平台进行处理和可视化，帮助用户做出最优决策。

例如，在智能家居中，各种传感器和设备可以通过物联网连接到空间计算平台，用户可以通过 AR 界面实时查看家中的温度、湿度、能耗等，并进行远程控制。这种基于物联网的空间计算应用，不仅可以提高生活的便利性，还可以帮助用户实现节能、环保的目标。

9.1.4.2　数据同步和共享

物联网设备生成的大量数据需要在不同设备与平台之间进行同步和共享。空间计算通过 IoT 技术，可以实现多设备之间的数据同步和共享，使得用户无论在什么设备上都能获得一致的体验。

例如，在虚拟办公环境中，用户可以在计算机上创建一个文档，之后通过 IoT 技术将文档同步到 AR 眼镜上，并在眼镜中继续编辑。这样的体验，使得用户可以在不同设备之间自由切换，极大地提高了工作效率和灵活性。

随着云计算、5G 网络、AI 和 IoT 等技术的不断进步，空间计算的应用场景将会更加广泛和深入。这些技术为空间计算提供了强大的算力支持，以及实时数据传输、高效协作和智能化的交互方式，使得空间计算能够在各个领域发挥重要作用。

9.2　空间计算应用场景的展望

空间计算将 VR 技术、AR 技术和 MR 技术融合在一起，创造了一个全新的交互方式，使人们可以在虚拟和现实世界之间无缝切换。本节将详细探讨空间计算在教育培训、医疗、工业制造、电子商务、游戏和娱乐、房地产、交通和物流、文旅展陈及社交和通信等领域中的应用，以及其潜在影响。

9.2.1　教育培训

9.2.1.1　互动学习

传统的教育方式为教师讲授和学生被动接受，学习效果受学生的理解能力和学习兴趣的影响。空间计算通过 AR 技术和 VR 技术，可以为学生创造更加有趣的学习环境，从而打破传统教学的局限。例如，在地理课上，学生可以通过 VR 设备"前往"全球各地的著名地标，近距离观察和学习；在生物课上，学生可以"进入"人体内部，观察器官的运行和细胞的活动。

这种沉浸式的学习方式，不仅可以提升学生对复杂概念的理解程度，还可以激发他们的好奇心和学习兴趣。例如，在学习天文学时，学生可以通过 VR 技术探索太阳系中的各大行星，甚至可以"登上"火星，体验宇航员的工作。这种深度沉浸的学习体验，使得抽象的知识变得具象化，更容易被感知，大大提高了教学效果。

9.2.1.2 技能培训

除了课堂教育，空间计算在职业技能培训应用中也显示了巨大的潜力。在医学、航空、建筑等领域，专业技术要求极高，培训过程烦琐且成本高昂。通过空间计算技术，受训者可以在一个完全虚拟的环境中模拟真实工作场景进行操作练习。例如，医学生可以通过虚拟手术系统性地练习复杂的手术操作，在没有任何风险的情况下反复尝试，从而提高自身的实际操作能力。

此外，空间计算还可以为工业领域的技能培训提供极大便利。工业生产常涉及复杂的机械操作和装配工作，任何错误都可能导致严重的后果。通过 AR 技术，工作人员可以实时接收设备操作的指导信息，甚至可以在虚拟环境中模拟整个生产流程，从而在实际操作中减少错误，降低培训成本。

9.2.2 医疗

9.2.2.1 虚拟手术培训

在医疗领域，精准度和经验是成功的关键。然而，培养一名经验丰富的医生往往需要多年时间，而且在实习过程中可能会面临伦理和资源的限制。例如，让一名经验不足的医生主刀，不仅在资源方面不允许，在伦理方面同样无法实现。空间计算技术通过 VR 技术，可以为医生提供一个逼真的虚拟手术环境。通过这种环境，医生可以反复练习复杂的手术操作，获取宝贵的经验。

虚拟手术培训不仅可以模拟常见的手术过程，还可以模拟紧急情况，帮助医生在压力环境下做出快速、准确的决策。通过不断练习，医生可以在进入手术前就熟悉手术过程，进而提高手术的成功率。尤其是在一些高难度手术中，空间计算技术可以帮助医生提前熟悉手术过程中的各个关键步骤，在一定程度上减少手术中的不确定因素。

9.2.2.2　远程诊断和治疗

医疗资源分布不均的问题在全球范围内普遍存在，特别是在偏远地区，患者往往难以获得高质量的医疗服务。空间计算技术可以通过 AR 远程医疗系统，显著提高医疗服务的可及性。远程诊断和治疗使得经验丰富的医生可以通过 AR 设备远程指导现场的医护人员进行诊断和治疗，从而使偏远地区的患者也可以享受到优质的医疗服务。

通过空间计算技术，医生可以远程监控患者的病情，实时调整治疗方案，甚至远程参与复杂的手术操作。此外，AR 技术还可以用于患者的康复训练，帮助患者在家中进行康复训练，减少往返医院的麻烦。这些技术不仅改善了患者的治疗体验，还提高了医疗资源的利用率。

9.2.3　工业制造

9.2.3.1　产品设计

在工业设计过程中，设计师通常需要经过多次修改和测试，以确保产品在各方面都达到预期。空间计算技术通过三维虚拟环境，为设计师提供了一个更加直观、灵活的设计平台。在这个平台上，设计师可以自由地旋转、缩放和修改产品的各个部件，实时查看设计效果，从而大大缩短了设计周期。

例如，在汽车制造领域，设计师可以通过 VR 技术直接进入汽车的内部结构，查看各个零部件的布置情况，并进行优化。这种虚拟化的设计过程不仅可以节省大量的时间和成本，还可以避免由于设计缺陷而导致的生产问题，提高产品的质量和市场竞争力。此外，空间计算还可以帮助设计师进行虚拟原型测试，提前发现并解决潜在问题，降低实际生产中的试错成本。

9.2.3.2 建筑规划

在建筑规划领域，空间计算技术同样展现了巨大的应用前景。传统的建筑规划依赖于平面图纸和模型，难以完全展现建筑物在实际环境中的效果。通过空间计算技术，建筑师可以在 VR 应用中预览建筑物设计方案的效果，实时调整建筑物的结构和外观，使其更好地与周围环境相协调。

例如，在规划一个新开发的城市区域时，城市规划者可以使用空间计算技术模拟不同的交通流量方案，评估其对城市交通的影响。此外，空间计算还可以用于建筑物内部的布局规划，帮助建筑师优化建筑物的空间利用率，提高建筑物的实用性和舒适度。这种基于空间计算的建筑规划方式，不仅可以提高建筑工程完成的速度，还可以减少由于规划失误而导致的成本浪费。

9.2.3.3 智能巡检

工业制造领域的设备维护和巡检工作通常需要耗费大量的人力和时间，并且传统的巡检方式存在误判和漏检的风险。通过空间计算技术，巡检人员可以佩戴 AR 眼镜或使用移动设备，实时获取设备的运行状态、故障信息和维护记录，从而大大提高巡检的效率和准确性。

例如，在石油化工厂中，巡检人员可以通过 AR 眼镜直接看到管道内部的温度、压力等关键参数，并在出现异常时立即获取报警提示。这种实时的巡检方式不仅可以及时发现潜在的安全隐患，还可以指导巡检人员进行正确的操作，从而避免事故的发生。在未来，随着空间计算技术的不断发展，智能巡检有望成为工业制造领域的标准操作流程，进一步提高生产的安全性和效率。

9.2.4 电子商务

9.2.4.1 虚拟试衣间

在线购物的兴起虽然方便了消费者购物，但也带来了一些挑战，特别是在购买服装时，消费者往往无法确定衣物的实际效果，实物与图片不符的问题导致退货率居高不下。空间计算技术通过创建虚拟试衣间，可以让消费者在购物时获得与实体店相似的试衣体验。

通过 AR 技术，消费者可以在虚拟环境中试穿不同款式的衣服，查看其与自身身形的匹配度。这样的虚拟试衣体验，不仅可以降低退货率，还可以增强消费者的购买欲，提升他们的购物体验。此外，虚拟试衣间还可以为消费者提供个性化的搭配建议，帮助他们找到最适合自己的服装组合，从而增加销售额。

9.2.4.2　产品展示

除了服装，空间计算技术还可以用于其他产品的展示和销售。例如，在家具销售中，消费者可以通过 AR 技术将家具的虚拟模型放置在自己房间的虚拟模型中，查看其与现有装修风格的搭配效果。这种产品展示方式，不仅可以提升消费者的购物体验，还可以帮助商家更好地展示产品的特点和优势。

例如，在线上购买一款新手机时，消费者可以通过 AR 技术查看手机的外观细节，甚至可以模拟操作体验，感受手机的性能和功能。这种虚拟化的产品展示方式，使得消费者在做出购买决策前，可以更全面地了解产品，从而降低购买后的退货率。

9.2.5　游戏和娱乐

9.2.5.1　游戏

空间计算技术在游戏和娱乐领域的应用前景十分广阔。VR 游戏通过创造一个完全沉浸的虚拟世界，使玩家可以更深入地参与其中。与传统的屏幕游戏不同，VR 游戏可以让玩家在虚拟世界中自由行动，体验真实感更强的互动和冒险。

未来的 VR 游戏将不仅限于个人娱乐，还可能发展为大型的多人在线游戏，玩家可以在同一个虚拟世界中合作或竞争，体验前所未有的游戏乐趣。例如，玩家可以组队探索虚拟世界中的未知区域，解开谜题，完成任务，甚至参与虚拟体育赛事。这种全新的游戏体验，不仅可以增强游戏的趣味性，还可以为玩家之间的社交互动提供新平台。

9.2.5.2 现场娱乐活动

除了游戏，空间计算技术还可以用于现场娱乐活动。例如，在音乐会或体育赛事中，观众可以通过 AR 眼镜看到实时的 AR 信息，如歌词、比赛数据、战术分析等。这种结合虚拟和现实的体验，不仅可以提高活动的互动性，还可以吸引更多观众参与其中。

例如，在一场足球比赛中，观众可以通过 AR 眼镜实时查看球员的体能数据、跑动距离和战术分析，甚至可以重放关键时刻的进球画面。这种 AR 技术为观众提供了更为丰富的观赛体验，让他们可以深入了解比赛细节，提高了观看乐趣。

9.2.5.3 观影娱乐

空间计算技术可以为电影爱好者提供全新的观影体验。通过 AR 眼镜，观众可以在家中或任意场所观看高质量的电影内容，而无须依赖传统的屏幕或投影设备。这种虚拟观影的方式不仅可以为观众提供便利，还可以为电影制作人提供新的创作灵感和可能性。

例如，观众可以在 AR 眼镜中观看一部 VR 电影，影片中的场景和角色将会在他们周围呈现，观众可以通过移动和互动的方式来探索电影的故事线。这种沉浸式的观影体验，将电影和游戏结合在一起，为观众带来了更加丰富和多样的娱乐选择。

9.2.6 房地产

9.2.6.1 虚拟房产展示

在房地产行业中，空间计算技术正逐渐成为一种重要的销售工具。传统的房地产销售方式通常依赖实体样板间和实地考察，而空间计算技术通过虚拟房产展示，可以让潜在买家在虚拟环境中参观房产，而无须亲自前往实地。

这种虚拟房产展示尤其适用于高端房产的售卖和国际买家的购买行为，他们可以通过互联网随时查看房产的内部结构、装修风格和周边环境。这种方式不仅可以节省时间和成本，还可以提供更为细致和个性化的展示服务。例如，买家可以在虚拟环境中自由设置房间的颜色和家具的摆放位置，提前预览未来的家居效果，从而做出更加明智的购房决策。

9.2.6.2　房产开发规划

在房地产行业中，空间计算技术不仅可以用于房产展示，还可以在房产开发的规划阶段发挥重要作用。开发商可以通过 VR 技术在项目开发前模拟房产的整体布局和建筑风格，从而提前发现设计中存在的问题，并进行优化。

例如，在一个大型住宅小区的开发过程中，开发商可以使用空间计算技术模拟小区内的交通流量、日照情况和绿化布置，从而优化小区的整体设计。这种基于空间计算的规划方式，不仅可以提高项目的开发效率，还可以降低后期调整和改造的成本，为开发商和购房者带来了更大的价值。

9.2.7　交通和物流

9.2.7.1　交通规划

随着城市化进程的加快，交通问题日益成为全球城市面临的主要挑战之一。空间计算技术通过模拟和分析交通流量，可以帮助城市规划者制定更加合理的交通方案，减少城市拥堵，提高交通效率。

例如，在一个新开发的城市区域，规划者可以使用空间计算技术模拟不同的交通方案，预测其对周边区域的影响，选出最优的交通方案。这种基于 VR 技术的交通规划方式，可以提前发现潜在问题，在实际建设前完成优化，从而减少由于交通不畅而增加的社会成本。

9.2.7.2　物流管理

物流管理是供应链中至关重要的一环，传统的物流管理方式通常依赖人工和纸质文件，效率较低且容易出错。空间计算技术通过 AR 技术和 IoT 技术，可以为物流管理提供更加智能和高效的解决方案。

例如，在仓储管理中，仓库管理员可以通过 AR 设备实时查看货物的存放位置和库存情况，自动生成和更新库存记录；在配送过程中，空间计算技术可以帮助司机优化配送路线，进行实时导航，避免交通堵塞，从而提高配送效率，减少配送时间，降低配送成本。

在未来，随着自动驾驶技术的发展，空间计算技术有望与自动驾驶系统相结合，实现无人驾驶的物流配送。这不仅可以进一步提高物流效率，还可以降低人力成本，降低运输过程中的安全风险。

9.2.8 文旅展陈

9.2.8.1 虚拟博物馆

文旅展陈是一个依赖物理场所和实物展示的领域，传统的博物馆和展览台通常需要游客亲临现场参观。然而，空间计算技术通过 VR 技术可以为文旅展陈带来全新的可能性。

例如，博物馆可以通过 VR 技术创建一个虚拟的展览空间，游客可以通过互联网访问，随时参观博物馆的展品和展览内容。这种虚拟博物馆不仅可以吸引更多的游客，还可以为那些无法前往实地参观的游客提供同样的文化体验。

此外，虚拟博物馆还可以突破物理空间的限制，展示更多的展品和信息。例如，博物馆可以通过 AR 技术为每件展品添加详细的介绍、历史背景和多媒体内容，使游客在参观的同时获得更为丰富的知识和体验。

9.2.8.2 文物修复

文物修复是一项高度专业的工作，通常需要精确的分析和操作。空间计算技术通过创建文物的三维模型，可以为文物修复工作提供更加精准的工具和方法。

例如，文物修复人员可以使用 VR 技术对文物的损坏情况进行详细分析，制定最优的修复方案，并在虚拟环境中模拟修复过程。这种虚拟化的修复方式，不仅可以提高修复的准确性，还可以为文物保护提供新的思路和方法，延长文化遗产的寿命。

9.2.9　社交和通信

9.2.9.1　虚拟会议

在全球化的背景下，虚拟会议已成为跨国公司和组织的常用交流工具。传统的视频会议往往缺乏面对面交流的互动感和真实性，空间计算技术通过创建虚拟会议空间，可以为参会者提供更加逼真的互动体验。

在虚拟会议中，参会者可以虚拟形象出现在同一个虚拟空间中，进行面对面的交流、讨论。这种虚拟会议不仅可以提高沟通的效率，还可以增强参会者之间的互动感，减少跨地域沟通的障碍。

9.2.9.2　虚拟社交平台

空间计算技术可以应用于社交平台，创建一个虚拟的社交环境。用户可以在这个虚拟环境中与朋友、家人和同事互动，参与各种社交活动，如聚会、游戏和购物等。这种虚拟社交平台不仅扩展了社交的可能性，还可以打破地理位置的限制，让人们可以更轻松地保持联系。

例如，在一个虚拟社交平台上，用户可以与朋友一起参加虚拟音乐会，观看虚拟电影，甚至在虚拟世界中一起旅行。这种虚拟化的社交体验，为人们的日常互动提供了全新的方式，进一步丰富了社交生活的多样性和趣味性。

空间计算技术作为一种新兴技术，将会在多个领域产生深远影响。从教育培训、医疗、工业制造，到游戏和娱乐、房地产、交通和物流等，空间计算技术不仅可以提高效率和安全性，还可以为用户提供更加个性化和沉浸式的体验。随着技术的不断发展和应用的普及，空间计算有望成为未来社会的重要组成部分，推动人类生活和工作方式发生根本性的变化。我们可以期待，在不久的将来，空间计算技术将带来一个更加智能且充满可能性的世界。

拓展阅读：专家说

1. 光学展望

视觉交互在空间计算中占据了极为重要的位置，它不仅是用户与虚拟世界进行交互的关键通道，还是决定用户体验的核心技术要素。光学系统在视觉交互中的作用尤为重要，它直接影响了 AR 设备的显示效果、功耗及整体的成本结构。在空间计算的背景下，光学系统的显示效果和功耗只有达到最佳平衡，才能保证设备的实用性和市场竞争力。

一个完整的光学系统由两大部分组成：显示引擎（Display Engine）和合光器件（Combiner）。显示引擎负责生成虚拟图像，合光器件负责将这些虚拟图像与现实世界的图像融合，为用户提供沉浸式的交互体验。显示引擎可以看作是微型投影器件，利用光学投影系统将虚拟像素投射到一定距离或无穷远处。这与家用或商用投影仪的工作原理类似，但其体积却只有传统投影仪的万分之一。因此，在实现同样的投影效果的前提下，如何在极小的体积内实现高性能的显示，成为光学系统设计的挑战之一。

显示引擎通常由微型显示器和投影光路组成。微型显示器按发光方式可分为两大类：被动发光型和主动发光型。被动发光型显示器（如 LCoS 和 DLP）是将光源与图像化像素分离，这种技术的难度相对较低，但由于需要额外的照明光路，因此系统的整体体积较大，很难做到小于 1cc。相对而言，主动发光型显示器（如 Micro-LED 和 Micro-OLED）将光源和像素集成在同一面板上，虽然工艺复杂，像素密度提升难度较大，但其具备对比度高、功耗低、体积小等优势。随着 Micro-LED 技术的逐步成熟，其在未来有望取代 LCoS 和 DLP，成为 AR 设备的主流选择。

然而，仅仅解决显示引擎的小型化和高效化问题是不够的。为了让虚拟图像与现实环境完美融合，合光器件的选择也尤为重要。传统的合光器件，如 Birdbath 结构，通过多片透镜将侧向放置的显示引擎生成的图像反射到用户眼中。这种结构的优点在于成像效果好，且设计相对成熟，但由于其采用的是传统几何光学原理，体积很难缩小到符合眼镜形态的范围。因此，尽管 Birdbath 结构在 AR 头显设备中应用广泛，但它并不是轻量化 AR 眼镜的最佳解决方案。

为了突破体积限制，业界逐渐转向新型的合光器件，如基于全反射波导或衍射光学器件的设计。全反射波导技术通过多层反射面或衍射光学器件来实现光路的多次折射，使得显示引擎可以更加紧凑地集成在 AR 眼镜中。这种技术的优点显而易见，它突破了传统几何光学对体积的限制，可以使 AR 眼镜的外观接近普通眼镜。然而，该技术的缺点也不容忽视，在反射和衍射过程中存在较大的光学损失，容易产生杂散光、鬼影和彩虹纹等问题，影响图像质量。同时，光学效率较低，功耗相对较高。因此，如何在体积、功耗和显示效果之间取得最佳平衡，仍是光学器件设计所面临的主要挑战之一。

在未来，随着全反射波导技术的不断进步，凭借自身的小型化优势，它将逐渐取代传统光学器件，成为 AR 眼镜的主要合光技术。不过，为了真正实现轻量化、低功耗和高可靠性的 AR 眼镜，显示系统的设计必须进一步优化，特别是在光源选择、光路设计及功耗控制等方面。从当前技术的发展趋势来看，显示引擎的体积需控制在 0.5cc 以下，合光器件的形态需尽可能接近眼镜片，且重量应小于 5 克，这样才能实现真正可穿戴的 AR 设备。

——饶铁 歌尔股份副总裁、光电事业群总经理

2. 未来协处理器展望

随着 AR 眼镜不断向轻量化和高性能的方向发展，主控 SOC 的计算架构正面临越来越大的挑战。传统 SOC 由于架构的局限性，难以满足环境感知、图像处理和显示之间的实时协同要求。这导致了物理延迟提高，进而影响了用户的沉浸式交互体验。为解决这一问题，业界的目光逐渐转向了协处理器架构，通过引入专

用协处理器的方式来分担环境感知和显示处理的任务，大幅降低系统的物理延迟。

协处理器的优势在于它能够与摄像头、惯性导航传感器及显示设备直接对接，处理实时数据传输和计算任务。与传统 SOC 相比，协处理器可以深入行数据传输的过程，将计算任务分配到更细粒度的处理节点，从而实现高效的数据处理。通过这种方式，协处理器显著降低了环境感知和显示之间的延迟，使用户能够获得更加流畅的交互体验。同时，由于协处理器中的大部分算法由专用集成电路实现，不仅降低了计算功耗，还降低了对制造工艺的要求，进一步推动了设备的小型化。

在未来，AR 眼镜只有在降低功耗的同时提高性能，才能实现长时间的佩戴需求。功耗的优化主要体现在两个方面：光学引擎的功耗优化和数据传输与计算的功耗优化。Meta 曾发表的一篇论文中提到，在 AR/VR 设备中，光学引擎功耗占设备总功耗的一半，剩下的一半则分布在数据传输和计算中。当前，通过协处理器和 ASIC 技术，计算功耗已经从瓦级下降到了毫瓦级，但传输功耗仍然是一个重大瓶颈。特别是在摄像头与桥接芯片之间，传输图像的数据量巨大，功耗极高。在未来，降低传输功耗将成为优化 AR 眼镜的关键问题之一。

为了解决这个问题，协处理器架构将逐步演进为主从协处理器架构。在这种架构中，从协处理器将集成在摄像头的驱动 IC 中，直接在图像输出过程中进行特征提取与计算，降低传输数据量和功耗。这样，摄像头则无须传输完整的图像数据，只需传输经过处理的计算结果即可，进一步降低了数据传输的功耗和延迟。

主协处理器负责接收各个摄像头的计算结果，对其进行融合和后续处理，并将最终处理结果传输至主控 SOC。这种协作架构大幅减少了摄像头与主处理器之间的数据传输量，不仅提高了系统的能效，还为 AR 眼镜的全天候使用奠定了基础。再加上光学系统的不断优化，未来的轻量化 AR 眼镜有望实现全天候续航，成为真正意义上的可广泛应用的消费级产品。

综上所述，在未来，协处理器在 AR 设备中扮演的角色将愈加重要。随着主从协处理器架构的不断完善，功耗和性能之间的平衡将进一步优化，设备的续航能力也将显著提升。结合优化后的光学系统，未来的 AR 眼镜不仅能够满足全天候佩戴的需求，还将提供更加沉浸式的、无缝的用户体验。

——杜逢博 耀宇视芯 CEO